常见南方野花
识别手册

主编 江 珊

重庆大学出版社

图书在版编目（CIP）数据

常见南方野花识别手册／江珊主编.—重庆：重庆大学出版社，2012.10（2021.9重印）
（好奇心书系.野外识别手册）
ISBN 978-7-5624-6836-3

Ⅰ.①常… Ⅱ.①江… Ⅲ.①野生植物—花卉—识别—中国—手册 Ⅳ.①Q949.408-62

中国版本图书馆CIP数据核字（2012）第137655号

常见南方野花识别手册

主编 江 珊
策划：鹿角文化工作室
摄影：江 珊 徐晔春 刘 军 张巍巍
策划编辑：梁 涛

责任编辑：谭 敏 金建宏 版式设计：田莉娜
责任校对：谢 芳 责任印刷：赵 晟

＊

重庆大学出版社出版发行
出版人：饶帮华
社址：重庆市沙坪坝区大学城西路21号
邮编：401331
电话：(023) 88617190 88617185（中小学）
传真：(023) 88617186 88617166
网址：http://www.cqup.com.cn
邮箱：fxk@cqup.com.cn（营销中心）
全国新华书店经销
重庆长虹印务有限公司印刷

＊

开本：787mm×1092mm 1/32 印张：6.5 字数：220千
2012年10月第1版 2021年9月第4次印刷
印数：9 001—12 000
ISBN 978-7-5624-6836-3 定价：36.00元

本书如有印刷、装订等质量问题，本社负责调换
版权所有，请勿擅自翻印和用本书
制作各类出版物及配套用书，违者必究

前言·FOREWORD

野生花卉是构成多样化的生态环境和自然植被的重要组成部分。它们以野性的姿态、浓郁的自然色彩，为纯朴的大自然增添了野趣，让人们在户外活动或旅途中感受多样的自然之美。人们在亲近大自然的同时也会希望能够识别种类繁多的常见野花。然而识别野花需要一定的专业知识和经验的积累，因此一本图文并茂的手册对于热爱自然的普通爱好者则更为实用。

本书所述的南方是指我国长江以南的地区。本地区内的植被类型多样，野生花卉种类极为丰富，从高大的乔木、繁花似锦的灌木、小巧精致的小花小草，或生于水面或漂浮于水中之花，或攀援、附生于岩石、悬崖及树干上的藤本花卉等都应有尽有。书中收录的360种南方常见的野生花卉，主要为长江以南的华东及华南地区的物种，同时也收录了少量热带地区和西南地区常见的野生花卉。

本书中野花参照《中国植物志》的系统——恩格勒系统进行分科，中文名及拉丁学名也基本依据《中国植物志》。每种野花包括了简单的特征描述、产地分布、生长环境和用途，并配以野外实地拍摄的野花图片，让读者能更全面地加以识别。

由于编者知识有限，书中难免有错漏及不足之处，谨望广大读者批评指正。

目录 CONTENTS

WILD FLOWER

花的基本概念

一、花序

花序是指花排列于花轴上的情况。花序最简单的形式是单生花；如有多朵花在花序轴上排列，则花序的类型有以下几种：

1.穗状花序

花无梗，多数花排列于一无分枝的花序轴上，称为穗状花序，如苋科、蓼科中许多植物都具有穗状花序。

2.总状花序

花具梗，着生于不分枝的花序轴上，称为总状花序，如十字花科植物、宽叶十万错、猪屎豆、山梗菜。

3.肉穗花序

一种穗状花序，但总轴肉质肥厚，且有一佛焰苞所包围，如天南星科植物。

①穗状花序　　②总状花序　　③肉穗花序

④头状花序   ⑦伞形花序

⑤圆锥花序   ⑧聚伞花序

⑥伞房花序

4.头状花序

花无梗或近无梗，多数花密集生于一花托上，形成状如头的花序，如菊科植物。

5.圆锥花序

花序轴上生有多个总状花序或穗状花序，形似圆锥，称圆锥花序或复总状花序。

6.伞房花序

花有梗，排列在花序轴的近顶部，下边的花梗较长，向上渐短，花位于一近似平面上。如几个伞房花序排列在花序总轴的近顶部者，称复伞房花序，如火棘、石楠。

7.伞形花序

从一个花序梗顶部伸出多个花梗近等长的花，整个花序形如伞，称伞形花序。每一小花梗称为伞梗。如报春花科和杜鹃花科的部分植物。

若伞梗顶再生出伞形花序，构成复伞形花序，如伞形科大多数植物。

8.聚伞花序

花序最内或中央的花最先开放，然后渐及于两侧开放，称为聚伞花序，如球兰。

每次中央一朵花开后，两侧产生两个分枝，这样的聚伞花序称为二歧聚伞花序，如冬青、卫矛。聚伞花序的每个顶生花仅在一侧有分枝，属于单歧聚伞花序，如萱草。

当侧分枝总排在同一侧以致花序顶端卷曲呈蝎尾状，称蝎尾状聚伞花序，如紫草科的一些种类。

⑨蝎尾状聚伞花序
⑩复伞形花序

二、花冠的类型

一朵完全花由花萼、花冠、雄蕊和雌蕊4个部分组成。

花冠是花的第二轮，是最明显的部分，构成花冠的成员叫花瓣。花冠的各个花瓣彼此完全分离的叫离瓣花冠；也有多少合生的，叫合瓣花冠。在合瓣花冠中，其联合部分叫花冠筒，其分离部分叫花冠裂片。花冠按其形状可分为：

1.筒状

花冠大部分呈一管状或圆筒状，如大多数菊科植物的头状花序中的盘花。

　　2.漏斗状

　　花冠下部筒状，由此向上扩大呈漏斗状，如旋花科大部分植物的花冠。

　　3.钟状

　　花冠筒宽而短，上部扩大呈一钟形，如桔梗科植物的花冠。

　　4.高脚碟状

　　花冠下部为狭圆筒状，上部忽然呈水平状扩大，如龙船花、萝芙木、清香藤、报春花的花冠。

　　5.坛状

　　花冠筒膨大呈球形或卵形，上部收缩成一短颈，然后扩张成一狭口，如马醉木的花冠。

　　6.辐状

　　花冠筒短，裂片由基部向四面扩展，状如车轮，如马银花、婆婆纳的

①筒状花冠　　②漏斗状花冠　　③钟状花冠

④高脚碟状花冠

⑤坛状花冠

⑥辐状花冠

⑧十字形花冠

⑨蝶形花冠

⑩唇形花冠

⑦舌状花冠

花冠。

7.舌状

花冠基部呈一短筒，上面向一边张开呈扁平舌状，如菊科植物的头状花序中的缘花。

8.十字形

花瓣4枚，排成辐射对称的十字形，称为十字形花冠。十字形花冠是十字花科的特征之一。

9.蝶形

由5个分离花瓣构成左右对称花冠。最上一瓣较大，称旗瓣，两侧瓣较小，称翼瓣，最下两瓣联合呈龙骨状，称龙骨瓣。豆科部分植物的花冠为蝶形花冠。

10.唇形

花冠下部合生呈管状，上部呈二唇状，如唇形科植物的花冠。

野花的生长环境

　　我国长江以南的地区有着多样的生态环境，从丘陵到高山，从红树林到亚热带季风林、温带混交林，不同的生境有着不同类型的花草生长，让人们领略到各种生态环境下的野花之美。

　　亚热带常绿林中常混生有各种杜鹃花、灯笼花、红花油茶、山苍子、银钟花、山樱花等木本野花，而林下阴湿处或沟谷阴湿的草丛中有着各种喜阴的野花，这些地方也是野生兰花喜欢生长的地方，像虾脊兰属；而林中树干上和岩石上则多是附生植物的居住地，像石斛属的兰花、球兰等。

　　山坡、路旁、灌木丛生的地方野花种类比较丰富，常能见到大家比较熟悉的龙船花、栀子、桃金娘、玉叶金花、大花紫玉盘、九节、地桃花……

　　丘陵地或田野常见野花轮番亮相：金樱子、野菊花、千里光、猪屎

石壁、丘陵田野、沙滩

野花生长环境——湿地、常绿林

豆、磨盘草等，在一些荒地旷野间经常还会有大片生长的青葙、白花鬼针草、五爪金龙等。

湿地、溪流周边，河流湖泊是喜湿或水生野花生长的地方，像毛茛属的部分野花（石龙芮、猫爪草）、半边莲、华凤仙，水蓑衣、水苦荬、雨久花、黄花水龙。在阴蔽潮湿的溪边或岩石上经常可以看到苦苣苔科或兰科野花。

在南方滨海地区常见的有小乔木黄槿、小灌木蔓荆、藤本海刀豆、厚藤等，它们都有一定的耐盐能力。

不同的环境、不同的风景、不同的野花，大自然的多样性期待你的发现。

南方野花重要的观赏地区

我国南方地区是杜鹃花资源最丰富的地区，这里的杜鹃花种类繁多，从低矮的杜鹃花灌丛到高大的杜鹃花树，五彩缤纷的杜鹃花海是山野间最壮观的景色。观赏野生杜鹃花的地方非常多，像云南、四川的横断山地区，贵州大方、黔西的百里杜鹃，浙江天台山、江西井冈山、湖南莽山、广西猫儿山等。

禾雀花是华南地区一种奇特的野花，因其下垂花序上的花朵盛开时形如捕捉成串的小雀，每到春天，华南从化、清远的山林里就会盛开着一串串禾雀花，酷似千万只禾雀栖息于林中浓荫下，成为春天的一道奇景。

广西的喀斯特石山地区是苦苣苔科野花的重要观赏地，那里的苦苣

横断山区杜鹃花　　　　百里杜鹃　　　　从化大岭山禾雀花

广西乐业天坑

西双版纳多花指甲兰

苔科植物种类繁多，很多是当地的特有种。广西乐业的雅长自然保护区则是中国第一个以兰科植物命名的自然保护区，这里生长着多达44属130种原生状态的野生兰科植物，种群数量大，分布密度高，特有种、珍稀种丰富，是保护和观赏野生兰花的重要地区。

云南西双版纳有着保存完好的热带、亚热带雨林，原始森林里的植被繁茂密集，种类众多，被誉为"植物王国"，尤以各种珍稀、奇特的植物著称，像老茎生花的植物以及各种附生和攀援在大树上的兰花、苦苣苔和球兰组成的"空中花园"。同样有着热带雨林的海南岛尖峰岭、霸王岭、五指山等地区也是观赏热带奇花异草的好地方。

重庆金佛山自然保护区是一个以银杉、珙桐等珍稀植物及森林生态系

浙江清凉峰

重庆金佛山

统为主要保护对象的自然保护区，区内的野生植物种群数量多，珍稀种、特有种和濒危种比率大，经济植物、药用植物异常丰富。其中保护区内的杜鹃花就有40余种，数十万株，花开时节为金佛山春天一大景观。

　　浙江天目山自然保护区和清凉峰自然保护区是保存典型、完好的中亚热带森林生态系统，区内植物区系成分具有古老性、过渡性、多样性、珍

雅长带叶兜兰群落

南岭莽山

稀物种多、分布密度大的特点。保护区内一年四季都有数不尽的野花从山麓向山顶次第盛开，是华东地区的"天然植物园"。

福建武夷山不仅以"碧水丹山""奇秀甲东南"自然风光著称，其植物种类数量在中亚热带地区位居前列，有中国特有属27属31种、28种珍稀濒危植物以及丰富的兰科植物，为东南地区的重要观花地区。

南岭山脉绵延广东、湖南两省，山脉的北麓位于湖南省南部，为莽山自然保护区；而山之南为广东南岭自然保护区，自然保护区内物种多样性丰富，主要保护对象为中亚热带常绿阔叶林和珍稀濒危野生动植物及其栖息地，是南方物种的发祥地和集中地。

与花草同行是户外活动的一大乐事，在寻找和观赏野花的同时，除了照片和回忆，请什么也别带走。

种类识别

爵床科

Acanthaceae

宽叶十万错
Asystasia gangetica

又名赤道樱草。多年生草本，具匍匐茎，高约30 cm。叶椭圆形，顶端急尖，近全缘。总状花序顶生，花序轴4棱，花偏向一侧；花冠白色，钟状近漏斗形，冠檐5裂，略2唇形，上唇2裂，下唇3裂，中裂片有紫红色斑点；雄蕊4枚，2长2短。蒴果长椭圆形。

花期几乎全年。常见生于路旁。分布于广东、云南等省。

板蓝 *Baphicacanthus cusia*

又名马蓝。多年生草本，茎直立，高约1 m，通常成对分枝。叶纸质，椭圆形或卵形，边缘具粗齿。穗状花序直立，长10～30 cm；苞片叶状；花冠圆筒形，稍弯曲，紫红色、淡红色或白色，冠檐5裂；雄蕊4枚，2长2短。蒴果棒状，长约2 cm，种子卵形。

花期秋冬季。爵床科板蓝和十字花科植物菘蓝两者功效相似，同为板蓝根药材的来源，其根、叶可药用；叶可提取蓝色染料。常见生于山谷、溪旁潮湿处。主要分布于华东、华南、西南各省区。

假杜鹃

Barleria cristata

直立亚灌木，高达2m，多分枝。茎圆柱状，被柔毛。叶对生，纸质，椭圆形、长椭圆形或卵形。花在短枝上密集，通常2朵或数个簇生于叶腋；花萼边缘具刺状锯齿；花冠蓝紫色或白色，长约4.5 cm，花冠管圆筒状，冠檐5裂稍呈二唇形。蒴果长圆形，两端急尖。

花期11—12月。全株可药用，常见生于草坡、路旁、林下或岩石中。分布于西南、华南各省区及西藏、台湾等省区。

水蓑衣 *Hygrophila salicifolia*

一年生或二年生直立草本，高可达1m。茎4棱形；叶对生，纸质，长椭圆形、披针形或线形。花簇生于叶腋；花冠淡紫色或粉红色，长1~1.2 cm，被柔毛，冠管筒状，冠檐呈二唇形，上唇卵状三角形，下唇浅3裂；雄蕊4枚，2长2短。蒴果比宿存萼长1/4~1/3，干时淡褐色。

花期秋季，全株可药用，常见生于溪沟边或洼地等潮湿处。主要分布于长江以南各省区。

山牵牛 *Thunbergia grandflora*

又名大花老鸦嘴。粗壮木质攀援大藤本，长可达8 m以上。叶对生，纸质，阔卵形，先端渐尖，基部心形，两面粗糙、有毛。花大，腋生，有柄，多朵单生下垂成总状花序，花冠初时蓝色，盛花浅蓝色，末花近白色，花冠喇叭状，直径4～6 cm，檐部5裂呈二唇形；雄蕊4枚，2长2短。蒴果球形。

花期秋季，其花大而美丽，常见生于低海拔疏林和灌丛中，可栽培供观赏，根皮可药用。主要分布于福建、广东、广西和海南等省区。

美丽猕猴桃
Actinidia melliana

半常绿藤本，枝条有皮孔。单叶互生，叶膜质、坚纸质或革质，长椭圆形、长披针形或长倒卵形，边缘具齿。聚伞花序腋生，花可多达10朵；花白色，雌雄异株；花瓣5片，倒卵形。果圆柱形，有显著的疣状斑点，宿存萼片反折。

花期5—6月。常见生于山地树丛中。分布于湖南、江西、广东、广西和海南等省区。

水东哥
Saurauia tristyla

灌木或小乔木，高3～6 m。小枝淡红色，粗壮。叶纸质或薄革质、倒卵状椭圆形、倒卵形、长卵形、稀阔椭圆形，顶端短渐尖至尾状渐尖，基部楔形，叶缘具刺状锯齿。聚伞花序，1～4枚簇生于叶腋或老枝落叶叶腋，花粉红色或白色，直径7～16 mm。果球形，白色，绿色或淡黄色，直径6～10 mm。

花果期3—12月。常见生于丘陵、低山山地林下和灌丛中，根、叶可药用，叶可作饲料，主要分布于云南、贵州、广西、广东等省区。

苋科
Amaranthaceae

青葙 *Celosia argentea*

又名野鸡冠花、百日红。一年生草本，高0.3～1 m。茎直立，绿色或带红紫色，有纵条纹。叶互生，披针形或椭圆状披针形，顶端尖，基部渐狭，绿色常带红色。花两性，排成密集的穗状花序，顶生或腋生；花初为粉红色或白色顶端带红色，后成白色；雄蕊5枚，花丝基部合生呈杯状。胞果卵形，种子黑色，扁圆形。

花果期5—11月，常见生于平原或低山地区的田边、旷野、山坡、空地上。种子可药用；全株可用于动物饲料。分布几乎遍及全国。

喜旱莲子草 *Alternanthera philoxeroides*

又名空心莲子草、水花生。多年生草本，具上升的匍匐茎，长达1.5 m，具分枝。茎管状，中空，不明显4棱。叶长圆形或长倒卵状，顶端具短尖。花密集成头状花序，单生在叶腋，球形，直径1～1.5 cm；花小，白色；雄蕊通常5枚。

花期4—12月。常见生于池沼、水沟内。全株可药用亦可作猪饲料。原产于巴西，我国引种于北京、江苏、浙江、江西、湖南、福建等省，后逸为野生。

石蒜科
Amaryllidaceae

忽地笑 *Lycoris aurea*

又名黄花石蒜。多年生草本，鳞茎卵形，直径约5 cm。秋季生叶，叶剑形或宽条形，长约60 cm。花先叶开放，花茎高30～60 cm；伞形花序有花4～8朵，花冠漏斗状，黄色，花被裂片6枚，倒披针形，具淡绿色中脉，强度反卷和皱缩；雄蕊略伸出于花被外。蒴果三棱形，种子近球形。

花期8—9月，果期10月。鳞茎可药用，南方各省常见栽培观赏。常见生于阴湿山坡等处。分布于陕西、山东、河南以及长江以南各省区。

石蒜 *Lycoris radiata*

多年生草本，鳞茎近球形，直径2.5～3.5 cm。叶深绿色，狭带状，中间有粉绿色带，秋季花茎枯萎后抽出。花茎高30～60 cm；伞形花序有花4～7朵；花红色，花被裂片狭倒披针形，边缘强度皱缩和反卷；雌、雄蕊伸出花被外，比花被裂片长1倍左右。蒴果、种子近球形。

花期7—10月，果期10—11月。常见生于溪边石缝、草丛和阴湿山坡处。鳞茎可药用，分布于长江以南各省，陕西、山东、河南及南方各省区常见栽培观赏。

漆树科
Anacardiaceae

盐肤木 *Rhus chinensis*

落叶灌木至小乔木；小枝被柔毛，有皮孔。叶互生，奇数羽状复叶，叶轴具宽翅，有小叶7～13枚；小叶边缘有粗锯齿，背面粉绿色，有柔毛，小叶无柄。圆锥花序顶生，直立，宽大；花小，白色，杂性；花萼5裂；花瓣5枚；雄蕊5枚；花盘环状；子房上位。果序直立，核球形，被腺毛和节柔毛，成熟后红色。

花期8—9月，果期10月，常见生于向阳山坡、沟谷或灌丛中。分布于我国大部分省区。

A PHOTOGRAPHIC GUIDE TO WILD FLOWERS OF SOUTH CHINA

常见南方野花识别手册

番荔枝科
Annonaceae

假鹰爪
Desmos chinensis

直立或攀援灌木。
叶互生，薄纸质或膜质，
叶片长圆形、椭圆形或阔卵形。花
黄白色，单朵与叶对生或互生；花瓣
长圆形或长圆状披针形，长达9 cm，
宽达2 cm，外轮花瓣比内轮花瓣大。
果念珠状，具柄，内有种子1～7颗，
种子球状。

花期夏至冬季，果期6月至翌年春
季。常见生于山坡、林缘灌丛中或荒
野。根、叶可药用；海南民间有用其叶
制酒饼，故有"酒饼叶"之称。分布
于广东、广西、云南和贵州等省区。

大花紫玉盘 *Uvaria grandiflora*

又名山椒子。攀援灌木，
长3 m；全株密被黄褐色星状
柔毛至绒毛。叶互生，纸质或
近革质，叶片长圆状倒卵形。
花单朵，与叶对生，紫红色或
深红色，直径达9 cm；苞片2
枚，卵圆形；雄蕊长圆形或线
形；心皮长圆形或线形。果长
圆柱状，顶端有尖头。

花期3—11月，果期5—12
月。常见生于灌木丛中或丘陵
山地疏林中。分布于广东、广
西等省区。

酸叶胶藤

Ecdysanthera rosea

夹竹桃科

Apocynaceae

木质大藤本，长达10 m，具乳汁。叶对生，纸质，阔椭圆形，叶背被白粉。圆锥状聚伞花序顶生，有花多朵；花小，粉红色，花冠近坛状，花冠筒喉部无副花冠；雄蕊5枚。蓇葖2个，叉开成近一直线，圆筒状披针形，长达15 cm，外果皮有明显斑点；种子长圆形，顶端具白色绢质种毛。

花期4—12月，果期7月至翌年1月。常见生于山地杂木林中、沟边，是一种野生橡胶植物；全株也可供药用。分布于长江以南各省区。

山橙 *Melodinus suaveolens*

又名马骝藤。攀援木质藤本，长达10 m，具乳汁。叶对生，具柄，近革质，长圆形或卵圆形。聚伞花序顶生和腋生，花白色，芳香；花冠管圆柱形，裂片5枚；副花冠钟状或筒状，顶端成5裂片，伸出花冠喉外；雄蕊着生在花冠筒中部。浆果球形，直径5～8 cm，成熟时橙黄色或橙红色。

花期5—11月，果期8月至翌年1月。常生于丘陵、山谷，攀援树木或石壁上。果实是猴子喜欢的食物，故也被称为猴子果。分布于广东、广西等省区。

萝芙木 *Rauvolfia verticillata*

常绿灌木，具乳汁，高约3 m，茎皮被稀疏皮孔。叶干后膜质，3～4片轮生，椭圆形或披针形。聚伞花序生于上部小枝腋间；花冠白色，高脚碟状，冠筒圆筒状，中部膨大；雄蕊5枚。核果卵圆形，直径约0.5 cm。

花期2—10月，果期4月至翌年春季。常见生于丘陵地区或溪边潮湿的灌木丛中，根、叶可药用。分布于西南、华南各省区及台湾省。

羊角拗

Strophanthus divaricatus

灌木，高达2 m，上部枝条蔓延，枝条密被灰白色皮孔。叶对生，薄纸质，椭圆形或椭圆状长圆形。聚伞花序顶生；花冠漏斗状，黄色，花冠筒下部圆筒状，上部渐扩大呈钟状，花冠裂片5枚，顶部延长成长带状，长达10 cm，下垂；副花冠裂成10片舌状鳞片。蓇葖果叉开，长椭圆形，上部渐狭而延长成喙。

花期3—7月，果期6月至翌年2月。常见生于山坡灌丛、丘陵山地或路旁疏林中。全株有毒，尤以种子毒性最强，误食能致死，故名断肠草，可作杀虫剂及毒鼠药。分布于云南、贵州、广东、广西和福建等省区。

倒吊笔 *Wrightia pubescens*

乔木，高8～20 m，胸径可达60 cm，含乳汁；树皮黄灰褐色。叶坚纸质，每小枝有叶片3～6对，长圆状披针形、卵圆形或卵状长圆形，顶端短渐尖。聚伞花序长约5 cm，花冠漏斗状，白色、浅黄色或粉红色，裂片长圆形；副花冠由10枚鳞片组成，离生，呈流苏状。蓇葖2个黏生，线状披针形。

花期4—8月，果期8月至翌年2月。散生于低海拔热带雨林中和亚热带疏林中。分布于广东、广西、贵州和云南等省区。

冬青科
Aquifoliaceae

秤星树 *Ilex asprella*

又名梅叶冬青、岗梅。落叶灌木，高达3 m，具淡色皮孔。

叶在长枝上互生，在缩短枝上簇生于枝顶，膜质，卵形或卵状椭圆形，边缘具锯齿。花单性，雌雄异株；雄花序：2～3花呈束状或单生于叶腋，花冠白色，辐状，直径约6 mm，花瓣4～5枚；雌花序：单生于叶腋或鳞片腋内，花冠白色。浆果状核果，球形，成熟时变黑色。

花期3月，果期4—10月。生于山地疏林中或路旁灌丛中。根、叶可药用；也可栽培供观赏。分布于华中、华东和华南各省区。

铁冬青 *Ilex rotunda*

常绿灌木或乔木，高达20 m。叶生于当年生枝上，纸质或薄革质，叶片卵形、倒卵形或椭圆形。聚伞花序或伞形花序单生于当年生枝条的叶腋内，有花4～13朵；花白色，单性，雌雄异株。果近球形或稀椭圆形，直径4～6 mm，成熟时红色。

花期4月，果期8—12月，常生于山坡常绿阔叶林中。叶、皮可药用；树皮可提制染料和栲胶；果实鲜艳，可栽培供观赏。分布于长江中下游及以南各省区。

一把伞南星 *Arisaema erubescens*

天南星科
Araceae

又名天南星、虎掌南星。多年生草本，块茎扁球形，直径可达6 cm。叶1枚，极稀2枚，叶柄长40～80 cm，中部以下具鞘，绿色，有时长褐斑；叶片放射状分裂，裂片7～10枚，披针形至椭圆形。花序柄比叶柄短，佛焰苞绿色带白色条纹，或淡紫色至深紫色而无条纹，管部圆筒形，檐部颜色较深，先端略下弯，有时有长5～15 cm的线形尾尖；肉穗花序单性。浆果红色。

花期5—7月，果期9月，常见生于林下、灌丛、草坡或荒地。分布于我国大部分省区。

鹅掌柴 *Schefflera octophylla*

五加科
Araliaceae

又名鸭脚木。乔木或灌木,高2~15 m,小枝粗壮。掌状复叶,有小叶6~9枚;小叶片纸质至革质,椭圆形或倒卵状椭圆形,全缘,但在幼树时常有锯齿或羽状分裂。花聚生成伞形花序,再组成圆锥花序,伞形花序有花10~15朵;花白色,花瓣5~6枚,开花时反曲;雄蕊5~6枚,比花瓣略长;花柱合生成粗短的柱状。果实球形,黑色,直径约5 mm,有不明显的棱。

花果期10—12月,为热带、亚热带地区常绿阔叶林常见的植物和南方冬季的蜜源植物;叶及根皮可药用。分布于西藏、云南、广西、广东、浙江、福建和台湾等省区。

马兜铃科
Aristolochiaceae

通城虎 *Aristolochia fordiana*

草质藤本,块状根圆柱形,细长。叶互生,革质,卵状心形或卵状三角形,顶端渐尖,基部心形。总状花序长达4 cm,有花3~4朵或有时仅一朵,腋生;花被管基部膨大呈球形,外面绿色,向上收狭成一长管,管口扩大呈漏斗状;檐部一侧极短,另一侧延伸成舌片,舌片暗紫色,有3~5条纵脉和网脉。蒴果长圆形或倒卵形,褐色,成熟时由基部向上6瓣开裂。

花期3—4月,果期5—7月。常见生于林下灌丛中和山地石隙中。根可药用。分布于广西、广东、江西、浙江和福建等省区。

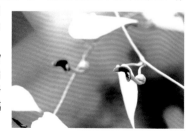

杜衡 *Asarum forbesii*

多年生草本，根状茎短。叶片阔心形至肾心形，基部心形，叶面深绿色有白色斑块。花单生于叶腋，贴近地面；花冠管钟状或圆筒状，暗紫色，喉部不缢缩，内壁具明显格状网眼，花被裂片直立，卵形，花柱离生，顶端2浅裂，柱头卵状，侧生。

花期4—5月。常见生于林下沟边阴湿地。杜衡全株可药用。分布于华东、华中各省区。

萝藦科
Asclepiadaceae

牛角瓜 *Calotropis gigantea*

又名五狗卧花心。直立灌木，高达3 m。全株具乳汁；茎黄白色，枝粗壮。

叶对生，长圆形或倒卵状长圆形。聚伞花序顶生或腋生，花冠蓝紫色，辐状，直径3～4 cm，裂片5枚；副花冠5裂。蓇葖单生，种子顶端具有白色绢质种毛。

花果期全年。常见生于低海拔的向阳山坡、旷野及海边。茎叶乳汁有毒，含强心甙，可药用。分布于四川、云南、广西、广东等省区。

球兰 *Hoya carnosa*

又名蜡兰、狗舌藤。攀援灌木，节上生气根，附生于树上或岩石上。叶对生，厚肉质，卵形或卵状长圆形。花排成集生的聚伞花序生于叶腋，有花20～30朵；花白色，直径约2 cm；花冠辐状，5裂，张开后呈五角星状；副花冠星状，5裂。蓇葖果长圆形，种子顶端有白色绢质种毛。

花期春夏季。常见生于平原、林中附生于石上或树上。全株可药用；也可栽培供观赏。分布于云南、广西、广东、海南、福建和台湾等省区。

铁草鞋 *Hoya pottsii*

又名三脉球兰。附生攀援灌木，除花冠内面外，无毛。叶肉质，干后呈厚革质，卵圆形至卵圆状长圆形，先端急尖，基部圆形至近心形；基脉3条。聚伞花序腋生；花冠肉质，白色，直径1 cm，5裂，裂片内面具长柔毛，副花冠5裂。蓇葖线状长圆形。

花期4—5月，果期8—10月。常见生于密林中，附生于大树上。分布于云南、广西、广东及台湾等省区。

石萝藦 *Pentasacme championii*

多年生直立草本，高30~80 cm，通常不分枝。叶对生，狭披针形。伞形状聚伞花序腋生，比叶短，有花4~8朵；花冠白色，花冠筒短，裂片5枚，狭披针形，远比花冠筒长；副花冠成5鳞片，与花冠裂片互生。蓇葖双生，圆柱状披针形，长约6 cm。

花期4—10月，果期7月至翌年4月。生长于丘陵山地疏林下或溪边、石缝、林谷中。分布于湖南、广东、广西及云南等省区。

凤仙花科
Balsaminaceae

华凤仙
Impatiens chinensis

又名水边指甲花。一年生草本，高30~60 cm。茎纤细，上部直立，下部节上常生根。叶对生，线形或线状披针形，边缘疏生刺状锯齿。花单生或2~3朵簇生于叶腋，紫红色或白色；花两侧对称，唇瓣漏斗状，具条纹，基部延长成内弯或旋卷的长距。蒴果椭圆形，种子圆球形。

花期7—9月。常见生于池塘、水沟旁、田边或沼泽地。全株可药用。分布于华东、华南各省区。

水金凤 *Impatiens noli—tangere*

一年生草本，高40～70 cm。茎直立，多分枝。叶互生，卵状椭圆形至卵形，先端钝或锐尖，基部楔形，边缘具粗齿。总花梗具2～4花，排列成总状花序；花黄色，侧生2萼片卵形或宽卵形，旗瓣圆形，翼瓣近基部散生橙红色斑点，唇瓣宽漏斗状，喉部散生橙红色斑点，基部渐狭成内弯的距。蒴果线状圆柱形，种子长圆球形。

花期7—9月。常见生于山坡林下、林缘草地或沟边。分布于东北、华北、华中、华东各省区。

秋海棠科

Begoniaceae

裂叶秋海棠 *Begonia palmata*

多年生肉质草本，高15～60 cm，具粗长平卧的根状茎。叶互生，轮廓阔斜卵形，长12～20 cm，宽10～15 cm，具不规则的5～7浅裂，基部斜心形，裂片三角形，边缘具小锯齿。花单性，雌雄同株；聚伞花序顶生或腋生，花淡红色或白色。蒴果长1～1.5 cm，具3翅。

花期夏季。常见生于林下和山谷阴湿处。分布于长江以南各省区。

中华秋海棠 *Begonia sinensis*

多年生肉质草本，茎高20~70 cm。叶椭圆状卵形至三角状卵形，先端渐尖，基部偏斜呈偏心形，边缘有疏齿。花单性，雌雄同株；聚伞花序生枝上部叶腋，花小，粉红色，雄花花被片4枚，雄蕊多

数；雌花花被片5枚，子房下位，3室。蒴果具3翅，翅不等大。

花期夏秋。常见生于山沟阴湿处、疏林阴处及山坡林下，全株可药用。分布于华北、西北及长江以南各省区。

小檗科 Berberidaceae 六角莲 *Dysosma pleiantha*

又名山荷叶、独脚莲。多年生草本，高20~60 cm。茎生叶常为2，叶大，盾状，轮廓近圆形，5~9浅裂，裂片宽三角状卵形，叶柄长10~28 cm。花数朵簇生或组成伞形花序，花紫红色，下垂；萼片6枚，膜质，早落；花瓣6~9枚，长圆形；雄蕊6枚。浆果椭圆形，熟时紫黑色。

花期3—6月，果期7—9月。常见生于山谷、林下阴湿地方。根状茎有毒，可药用。分布于华东、华中、华南各省区。

箭叶淫羊藿 *Epimedium sagittatum*

又名三枝九叶草。多年生草本，高30～50 cm。一回三出复叶，小叶卵状披针形，顶端急尖或渐尖，基部心形或箭形，两侧小叶基部呈不对称心形浅裂，边缘有细刺毛。圆锥花序或总状花序顶生，长10～20 cm；花多数，直径8 mm；萼片8枚，排列为2轮，外轮较小，外面有紫色斑点，内轮白色，呈花瓣状；花瓣囊状，淡棕黄色。蒴果长约1 cm。

花期4—5月，果期5—7月。常见生于山坡草丛中、林下、灌丛、沟边或石缝中。全株可药用。分布于华东、华中、华南各省区及四川、陕西、甘肃等省。

南天竹 *Nandina domestica*

常绿灌木，茎常丛生而少分枝，高1～3 m，幼枝常为红色，老后呈灰色。叶互生，三回羽状复叶；小叶薄革质，椭圆形或椭圆状披针形，冬季变红色。圆锥花序直立，长20～35 cm；花小，白色，具芳香，直径6～7 mm。浆果球形，直径5～8 mm，熟时鲜红色。

花期3—6月，果期5—11月。常见生于山地林下沟旁、路边或灌丛中。根、叶、果可药用；也可栽培供观赏。分布于长江以南各省区及陕西、河南等省。

紫草科
Boraginaceae

柔弱斑种草 *Bothriospermum tenellum*

一年生草本，高15～30 cm。茎细弱，丛生，直立或平卧，多分枝。叶小，互生，椭圆形或狭椭圆形，被毛。花序柔弱，细长，长10～20 cm；花小，花冠蓝色或淡蓝色，檐部直径2.5～3 mm，喉部有5个梯形的附属物；花柱圆柱形，极短。小坚果肾形，腹面具纵椭圆形的环状凹陷。

花果期2—10月。常见生于山坡路边、田间草丛及溪边阴湿处。分布于东北、华东、华南、西南各省区及陕西、河南、台湾等省。

梓木草 *Lithospermum zollingeri*

多年生匍匐草本，高5～24 cm，匍匐茎长可达30 cm。叶互生，倒披针形或匙形，两面具短糙伏毛。花序长2～5 cm，有花1至数朵；花冠蓝色或蓝紫色，喉部有5条向筒部延伸的纵褶，檐部5浅裂。小坚果斜卵球形。

花果期4—8月。常见于生丘陵、灌丛或低山草坡。果实可药用。分布于华东、西南各省区及陕西、甘肃、台湾等省。

桔梗科
Campanulaceae

羊乳
Codonopsis lanceolata

又名羊奶参、轮叶党参。多年生草本，有乳汁。根常肥大呈纺锤状而有少数细小侧根。茎缠绕，长约1 m，常有多数短细分枝，黄绿而微带紫色。叶互生或簇生，披针形或菱状卵形。花单生或对生于小枝顶端；花萼筒部半球状；花冠阔钟状，黄绿色或乳白色内有紫色斑，直径2~3.5 cm，浅裂，裂片三角状，反卷。蒴果下部半球状，上部有喙。

花果期7—8月。常见生于山地灌木林下或阔叶林内。分布于东北、华北、华东及华中各省区。

半边莲 *Lobelia chinensis*

多年生匍匐草本，高6~15 cm，节上生根。叶互生，排成两行，条形至椭圆状披针形，全缘或顶部有锯齿。花单生于分枝的上部叶腋，花冠粉红色或白色，背面纵裂至基部，2侧裂片较长，披针形，中间3枚裂片较短。蒴果倒锥状，成熟后顶端2裂。

花果期5—10月。常见生于沟边、水田边及湿润草地上，全株可药用。分布于长江流域及以南各省区。

山梗菜 *Lobelia sessilifolia*

多年生草本，高60～120 cm。根状茎生多数须根。茎圆柱状，通常不分枝，无毛。叶厚纸质，宽披针形至条状披针形，螺旋状排列，在茎的中上部较密集。总状花序顶生，长8～35 cm；花冠蓝紫色，近二唇形，上唇2裂片长匙形，下唇裂片椭圆形。蒴果倒卵状。

花果期7—9月。常见生于平原或山坡湿草地。根、叶或全株可药用，有小毒。分布于东北、华北、华东各省区。

桔梗

Platycodon grandiflorus

又名铃铛花、僧帽花。多年生直立草本，高20～120 cm，有白色乳汁。根圆柱形，肉质。叶3片轮生或对生，叶片卵形至卵状披针形，边缘有细锯齿。花单朵顶生或数朵集

生于枝端，花冠钟形，蓝紫色，直径3～5 cm，5裂，裂片三角形，雄蕊5枚，离生，柱头5裂。蒴果倒卵形或圆球形。

花期7—9月。常见生于山坡草丛、灌丛中或林边。根可药用；也可栽培供观赏。分布于我国大部分省区。

铜锤玉带草 *Pratia nummularia*

多年生匍匐草本，有白色乳汁。茎纤细，略呈四棱形，绿紫色，有细柔毛，节上生不定根。叶互生，圆卵形、心形或卵形，基部近圆形至心形，边缘有齿。花单生叶腋，花冠紫红色、淡紫色、绿色或黄白色。浆果熟时紫红色，椭圆状球形。

花期4—5月。常见生于田边、路边、低山丘陵坡地或疏林下。全株可药用；也可栽培供观赏。分布于我国南方各省区。

糯米条 *Abelia chinensis*

忍冬科
Caprifoliaceae

落叶灌木，高达2 m。叶对生，有时轮生，卵形或卵状椭圆形，边缘具疏浅齿。聚伞花序顶生或腋生，花冠漏斗状，粉红色或白色，具香味，裂片5枚，圆卵形；雄蕊着生于花冠筒基部，花丝细长，伸出花冠筒外；花柱细长，柱头圆盘形。瘦果顶端有宿存5萼裂状。

花期7—8月，果期10月。常见生于山坡灌丛中。分布于长江以南各省区。

郁香忍冬 *Lonicera fragrantissima*

半常绿灌木，高达2 m。叶对生，厚纸质至革质，形态变异很大，椭圆形、卵形至卵状矩圆形。花生于幼枝基部苞腋，芳香，先叶或与叶同放；花冠白色或淡红色，唇形，上唇裂片深达中部，下唇舌状。浆果矩圆形，长约1 cm，鲜红色。

花期2—4月，果期4—5月。常见生于山坡灌丛中。分布于河北、河南、湖北、安徽、浙江及江西等省。

金银花 *Lonicera japonica*

又名忍冬、金银藤、鸳鸯藤。多年生半常绿藤本，嫩枝暗红褐色。叶对生，纸质，卵形至卵状披针形，顶端尖或渐尖，基部圆或近心形，有柔毛。苞片叶状，双花生于小枝上部叶腋，花初开时白色，后变为黄色，芳香；花冠唇形，雄蕊和花柱伸出花冠外。浆果圆球形，成熟时蓝黑色。

花期4—10月，果期10—11月。常见生于山坡或疏林灌丛中。花和茎可药用；花可代茶饮，常见栽培观赏。全国大部分省区均有分布。

接骨草 *Sambucus chinensis*

又名蒴藋、陆英。多年生高大草本或半灌木，高1~2 m，茎有纵棱。奇数羽状复叶，有小叶3~9枚，对生，椭圆状披针形，先端长渐尖，基部楔形或近圆形，边缘具细锯齿。大型复伞形花序顶生，花多而小，白色，有时具杯状不孕花。浆果近圆形，直径3~4 mm，成熟时红色或橘红色。

花期4—5月，果熟期8—9月。常见生于山坡、林缘灌丛、沟边和草地上。全株可药用。分布于长江流域及以南各省区。

伞房荚蒾 *Viburnum corymbiflorum*

灌木或小乔木，高达5 m。枝和小枝黄白色。叶纸质，干后变榄绿色，矩圆形至矩圆状披针形，边缘离基部1/3以上疏生外弯的尖锯齿。圆锥花序伞房状，直径3~6 cm；花冠白色，辐状，直径约8 mm，芳香。果椭圆形，红色。

花期4月，果期6—7月。常见生于山谷、山坡密林或灌丛中。分布于长江流域及以南各省区。

琼花 *Viburnum macrocephalum* f. *keteleeri*

又名八仙花。落叶或半常绿灌木，高达4 m。叶对生，纸质，卵形至椭圆形或卵状矩圆形。聚伞花序生于枝端，周边8朵为萼片发育成的不孕花，中间为两性小花；不孕花直径3～4.2 cm，裂片倒卵形或近圆形，顶端常凹缺；可孕花白色，辐状，直径7～10 mm。果实红色而后变黑色，椭圆形。

花期4月，果期9—10月。常见生于丘陵、山坡林下或灌丛中。分布于江苏、安徽、浙江、江西、湖北和湖南等省。华东地区常见栽培供观赏。

珊瑚树 *Viburnum odoratissinum*

常绿灌木或小乔木，高2～10 m。叶革质，椭圆形至矩圆形，边缘上部具浅波状锯齿或近全缘。圆锥花序顶生或生于侧生短枝上，总花梗长可达10 cm；花冠白色，后变黄白色，辐状，直径约7 mm，芳香。果实卵圆形或卵状椭圆形，先红色后变黑色。

花期4—5月（有时不定期开花），果熟期7—9月。常见生于山谷密林中、疏林或灌丛中。根、叶可药用；也可栽培供观赏。分布于福建、湖南、广东、广西和海南等省区。

茶荚蒾
Viburnum setigerum

又名汤饭子。落叶灌木，高达4 m。叶对生，纸质，卵状矩圆形至卵状披针形，稀卵形或椭圆状卵形，顶端渐尖，基部圆形。复伞形状花序，花冠白色，辐状，芳香，干后变茶褐色或黑褐色。果实红色，卵圆形。

花期4—5月，果熟期9—10月。常见生于山谷溪涧旁的疏林或山坡灌丛中。分布于长江流域及其以南各省区。

石竹科
Caryophyllaceae

球序卷耳
Cerastium glomeratum

一年生草本。高10~12 cm，全株密生长柔毛。茎单生或丛生，茎下部叶匙形，上部叶卵形至椭圆形。聚伞花序呈簇生状或头状，花瓣5枚，白色，线状长圆形，顶端2裂；花柱5裂。蒴果长圆柱形，顶端10齿裂；种子近三角形，具疣状突起。

花期3—4月，果期5—6月。常见生于山坡草地。主要分布于华东、华中各省区。

卫矛科
Celastraceae

丝绵木 *Euonymus maackii*

又名白杜。落叶灌木或小乔木，高可达8 m。叶对生，纸质，卵状椭圆形或卵圆形，先端长渐尖，基部阔楔形或近圆形，边缘具细锯齿。聚伞花序有3至多花，常生于新枝下部；花4枚，淡白绿色或黄绿色，直径约8 mm；花盘肥厚。蒴果倒圆心状，4浅裂，成熟后果皮粉红色；假种皮橙红色，全包种子。花期5—6

月，果期9月。分布于我国大部分省区。

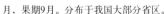

中华卫矛 *Euonymus nitidus*

常绿灌木或小乔木，高1～5 m。叶对生，革质，倒卵形、长椭圆形，先端有渐尖头，近全缘。聚伞花序1～3次分枝，3～15花；花白色或黄绿色，4数，直径5～8 mm；花瓣基部窄缩成短爪；花盘较小，4浅裂；雄蕊无花丝。蒴果三角卵圆状，种子棕红色，假种皮橙黄色，全包种子。

花期3—5月，果期6—10月。常见生长于林内、山坡、路旁。分布于广东、福建和江西等省。

华南金粟兰 *Chloranthus sessilifolius var. austro-sinensis*

金粟兰科
Chloranthaceae

多年生草本，高35～70 cm。茎粗壮，单生或丛生。叶无柄，4片生于茎顶，呈轮生状，椭圆形，边缘具锐锯齿。穗状花序自茎顶抽出，有2～4下垂的分枝，总花梗长4～9 cm，苞片通常扇形，花小，白色，无花被。核果近球形。

花期3—4月，果期5—7月。常见生于林下阴湿处或山坡、林边草丛中。分布于江西、福建、广东、广西和贵州等省区。

金粟兰 *Chloranthus spicatus*

又名珠兰。亚灌木，直立或下部平卧，高30～60 cm。叶对生，厚纸质，椭圆形或倒卵状椭圆形，边缘具圆齿状锯齿。穗状花序排列成圆锥花序状，通常顶生；花小，无花被，黄绿色，极芳香；雄蕊3枚。核果。

花期4—7月，果期8—9月。常见生于山坡及山谷密林中。花和根状茎可提取芳香油；全株可药用。分布于西南和华南各省区。

使君子科
Combretaceae

使君子 *Quisqualis indica*

又名留求子。攀援状灌木，高2~8 m。叶对生，膜质，卵形或椭圆形。顶生穗状花序，组成伞房花序式；花芳香，下垂，萼筒细管状，花瓣5枚，初为白色，后转淡红色；雄蕊10枚，排成两轮，不突出冠外。果卵形，短尖，青黑色或栗色。

花期初夏，果期秋末。生于山坡、林缘或河岸、溪边。果实可药用，是著名的儿科良药；也可栽培供观赏。分布于西南、华南各省区。

鸭跖草科
Commelinaceae

鸭跖草

Commelina communis

一年生草本。茎匍匐生根，多分枝，长可达1 m。叶2列，披针形至卵状披针形。总苞片佛焰苞状，有柄，与叶对生，折叠状。聚伞花序有花3~4朵；花两侧对称，花瓣3枚，深蓝色，离生，后方2片较大。蒴果椭圆形，藏于总苞片内。

花期夏季。常见生于山坡、林缘、湿地或田边。嫩茎叶可食，也可作饲料；全株可药用。分布于全国大部分省区。

牛轭草 *Murdannia loriformis*

又名鸡嘴草。多年生草本。根须状；主茎不发育，叶密集成莲座状，披针形，仅下部边缘有睫毛；可育茎上的叶较短。蝎尾状聚伞花序单个顶生或2~3个集成圆锥花序；花密集成头状；苞片早落，花瓣3枚，分离，紫红色或蓝色；能育雄蕊2枚。蒴果卵圆状三棱形。

花果期5—10月，常见生于山谷溪边林下或山坡草地。分布于长江以南各省区。

菊 科
Compositae

白苞蒿 *Artemisia lactiflora*

多年生草本。高50~150 cm。茎直立，多分枝。叶互生，纸质，一至二回羽状全裂，裂片形状变化大，边缘有锯齿或近全缘，上部叶渐小。头状花序在分枝上排成复穗状花序；总苞片3~4片；雌花3~6朵，花冠狭管状，檐部具2裂齿；两性花4~10朵，花冠管状。瘦果倒卵形。

花果期8—12月，多生于林下、灌丛、山谷等地，全株可药用。分布于长江以南各省区及陕西、甘肃等省。

三脉紫菀 *Aster ageratoides*

多年生草本。根状茎粗壮。茎有棱及沟，高40~100 cm，被柔毛或粗毛。叶互生，纸质，宽卵圆形、椭圆形或长圆状披针形，边缘有锯齿或全缘。头状花序直径1.5~2 cm，排成伞房或圆锥伞房状；总苞倒锥状或半球状，总苞片3层；舌状花紫色，浅红色或白色，管状花黄色，冠毛浅红褐色或污白色。瘦果倒卵状长圆形。

花果期7~12月。常见生于林下、林缘、灌丛及山谷湿地。分布于东北、华北、华东、华南至西部、西南各省区及西藏自治区。

白花鬼针草 *Bidens pilosa var. radiata*

一年生草本。高30~100 cm。中下部叶对生，羽状复叶，小叶3~5枚，顶生小叶较大，长椭圆形或卵状长圆形，顶端渐尖，基部狭或近圆形，边缘有锯齿；上部叶小，3裂或不分裂，条状披针形。头状花序组成伞房花序状，舌状花5~7枚，白色，先端钝或有缺刻；管状花两性，冠檐5齿裂。瘦果具棱，顶端芒刺3~4枚。

花果期秋冬季。常见生于路边、村旁、灌丛或荒地中。全株可药用。分布于华东、华中、华南、西南各省区。

野菊花

Dendranthema Lavandulifolium

又名甘菊、山菊花。多年生草本，高30～100 cm。茎基部常匍匐，上部多分枝，枝和叶背常密被柔毛。叶互生，卵状三角形或卵圆形，羽状分裂，裂片边缘有锯齿。头状花序直径2～2.5 cm，伞房花序式排列；舌状花黄色，先端3浅裂，中央为管状花。瘦果黑色，有1棱。

花期9—12月，常见生于山坡灌丛、草地、林缘、田野间。全株可药用；可作枕头填充料。分布于我国中南部和西南部各省区。

蓟 *Cirsium japonicum*

又名大蓟。多年生草本，高0.5～1 m，具纺锤状块根。茎直立，有纵棱，被毛。基生叶丛生，卵形或倒卵状披针形，羽状深裂，基部渐狭成具翅的柄，边缘齿状，齿端具针刺；茎生叶向上渐小，无柄，基部心形抱茎。头状花序顶生，直径2.5～4 cm；总苞钟形，总苞片5～6片；管状花多数，花冠紫红色，檐部5浅裂。瘦果倒披针状，冠毛多层，羽状，浅褐色。

花果期4—11月。常见生于山坡林中、灌丛、草地、林缘、田间和溪旁。全株可药用。分布于长江以南各省区及陕西、河北、山东等省。

鱼眼草

Dichrocephala auriculata

一年生草本。直立或铺散，高12~50 cm。叶椭圆形、卵形或披针形，大头羽裂，顶裂片宽大，侧裂片1~2对，边缘重粗锯齿或缺刻状。头状花序小，球形，直径约3~5 mm，生枝端，多数头状花序在茎顶排成伞房状花序或伞房状圆锥花序；总苞片1~2层；管状花黄绿色。瘦果倒披针形。

花果期全年。常见生于山坡、林下、荒地、水沟边。分布于长江以南各省区及陕西、台湾等省。

地胆草 *Elephantopus scaber*

多年生硬质草本。高20~60 cm。茎直立，分枝多，密被白色硬毛。

基生叶莲座状，花期宿存，匙形或倒披针状匙形，边缘具圆齿；茎生叶向上渐小，倒披针形或长圆状披针形。头状花序枝端排成复头状花序，花序基部被3个叶状苞片所包围；总苞狭，总苞片绿色或上端紫红色；管状花4朵，淡紫色或粉红色。瘦果长圆状线形，顶端截形，具棱，冠毛灰白色。

花期7—11月。多生于旷野、山坡、路旁或山谷林缘。全株可药用。分布于华东、华南、西南各省区。

一年蓬 *Erigeron annuus*

一、二年生草本。高30～100 cm。茎粗壮，上部分枝，下部有硬毛。基生叶与下部叶长圆形或宽卵形，边缘有疏齿；茎上部叶披针形。头状花序排列成疏圆锥花序，直径1～1.5 cm；总苞半球形，总苞片3层；舌状花2层，舌片线形，白色或淡蓝色；管状花黄色，冠檐5齿裂。瘦果披针形。

花期6—9月，果期9—10月。原产于北美洲，在我国已归化，常见生于山坡荒地或路边旷野。广泛分布于我国大部分省区。

假臭草 *Eupatorium catarium*

多年生草本。高0.7～1.2 m。叶对生，卵形或宽卵形，顶端渐尖，基部楔形，边缘有锯齿。头状花序在茎枝顶端排成复伞房花序；总苞长筒形，总苞片3层；管状花多数，蓝紫色，檐部5齿裂。瘦果长椭圆形，具5棱，冠毛白色。

花果期6—11月。常见生于丘陵林缘、田间、路旁。原产于南美，现常见于南方各省区。

泽兰 *Eupatorium japonicum*

又名白头婆。多年生草本。高0.5～2 m。茎下部或全部淡紫红色，被白色柔毛。叶对生，椭圆形或披针形，顶端渐尖，边缘有粗锯齿，叶两面粗涩。头状花序在茎枝顶端排成紧密的复伞房花序；总苞钟形，总苞片3层；管状花5朵，白色紫红色至粉红色。瘦果椭圆形，具5棱，被黄色腺点，冠毛白色。

花果期6—11月。常见生于山坡草地、灌丛、林下、湿地及河岸。全株可药用。分布于我国除西北外的大部分省区。

牛膝菊 *Galinsoga parviflora*

一年生草本。高10～80 cm。茎纤细，不分枝或自基部分枝，分枝斜升。叶对生，卵形或长椭圆状卵形，基部圆形或狭楔形，顶端渐尖或钝；两面被短柔毛，边缘锯齿。头状花序半球形，多数在茎顶排成疏松的伞房花序，花序直径约3 cm；总苞半球形或宽钟状，总苞片5片；舌状花4～5个，舌片白色，顶端3齿裂；管状花黄色。瘦果三棱或中央的瘦果4～5棱，冠毛白色。

花果期7—10月。常见生于林下、河谷、荒野、田间或路旁。原产于南美洲，现分布于我国华东、华南、西南各省区及西藏藏族自治区。

鼠麴草 *Gnaphalium affine*

又名清明草、鼠耳。一年生草本，高10～15 cm。全株密被白绵毛。茎直立，通常基部分枝。叶互生，基生叶花后凋落，下部和中部叶匙形或倒披针形，两面被白色绵毛。头状花序多数，排成伞房状；总苞球状钟形，总苞片3层，金黄色，干膜质；花黄色，边缘雌花花冠丝状，中央两性花管状。瘦果长椭圆形，具乳头状突起，冠毛黄白色。

花期4—7月，果期8—9月。常见生于低海拔干地、湿润草地或稻田。茎叶可药用。分布于华东、华南、华中、华北、西北及西南各省区。

泥胡菜 *Hemisteptia lyrata*

一、二年生草本。高30～100 cm。茎单生，上部分枝。叶形变化大，倒披针形、长椭圆形、倒卵形或匙形，羽状分裂；中上部叶渐小。头状花序多数，直径1.5～3.5 cm；总苞球形；管状花紫红色或红色，深5裂，裂片线形。瘦果楔形，有细纵肋，冠毛白色。

花果期3—8月。常见生于山坡、林下、丘陵、荒地、田间或路旁。分布较广，除新疆、西藏外，遍布全国。

抱茎苦荬菜 *Ixeridium sonchifolium*

多年生草本。高15~80 cm，具白色乳汁。茎直立，上部多分枝。叶互生，基生叶莲座状，茎生叶倒披针形至卵状长圆形，羽状分裂，基部呈耳形或戟形抱茎，茎上部叶渐小。头状花序在枝顶上排成伞房状花序；总苞圆柱形，总苞片3层；舌状花15~18朵，黄色。瘦果狭纺锤形，有细纵肋条，冠毛白色。

花果期3—8月。多生于山坡、荒野、田边或路旁。分布于东北、华北及华东各省区。

马兰

Kalimeris indica

多年生草本。根状茎具匍匐枝。茎直立，高30~70 cm。叶互生，茎中下部叶倒卵状矩圆形或倒披针形，边缘有2~4对浅裂片或疏粗齿，基部渐狭成具翅的长柄；上部叶小，无柄。头状花序，单生于枝顶排成疏伞房状；总苞钟形，总苞片2~3层；舌状花淡紫色；管状花多数，花冠黄色。瘦果倒卵形，极扁，边缘有纵肋。

花期5—9月，果期8—10月。常见生于草丛、林缘、溪边、路旁及荒地上。全株可药用；嫩叶可食用，俗称马兰头。分布于长江流域及以南各省区。

千里光 *Senecio scandens*

又名九里明。多年生草本或亚灌木。有攀援状木质茎，长2～5 m，多分枝。叶互生，卵状披针形至长三角形，顶端渐尖，边缘通常具不规则状齿，有时羽状浅裂。头状花序顶生，在茎枝端排成复伞圆锥花序；花黄色，舌状花8～10朵，舌片具3细齿；管状花两性，多数。瘦果圆柱形，冠毛白色。

花果期秋冬至次年春。全株可药用。常见生于森林、灌丛中、溪边或攀援于灌木上。分布于长江以南各省区及陕西、西藏等省区。

蒲儿根 *Sinosenecio oldhamianus*

多年生草本。高40～80 cm。茎单生，或有时数个，上部多分枝。叶片卵圆形至卵状三角形，边缘具不规则锯齿，基部心形，上部叶渐小。头状花序多数，在茎及分枝端排成复伞房状聚伞状花序；总苞宽钟形；舌状花黄色，顶端具3浅裂；管状花多数，花冠黄色。瘦果圆柱形。

花果期全年。蒲儿根全株可药用，常见生于溪边、林缘、草坡及路旁。分布于华东、华中、西南各省区。

旋花科
Convolvulaceae

打碗花 *Calystegia hederacea*

又名小旋花、扶苗。一年生草本。高8～40 cm。茎平铺，有分枝。叶互生，箭形或三角状卵形，基部戟形或心形。花单生于叶腋，花梗细长；苞片2片，阔卵形，宿存；萼片5片，宿存；花冠漏斗状，淡红色或淡紫色；雄蕊5枚，花柱1枚，柱头2裂，内藏。蒴果卵圆形，种子黑褐色。

花期5—9月。多生于田间、路边、荒地或山坡林缘，从平原至高海拔都有。花美丽，可栽培观赏；根及花可药用。分布于全国各地。

五爪金龙 *Ipomoea cairica*

多年生缠绕草本。茎细长，有细棱。叶互生，掌状全裂，轮廓卵形或圆形，裂片5枚，裂片椭圆状披针形，中裂片较大。聚伞花序腋生，有1～3朵花；花冠淡紫色，漏斗状，长5～7 cm；雄蕊和花柱内藏。蒴果近球形，种子黑色。

花期几乎全年，多生于山地路边灌丛中。原产于热带亚洲或非洲，现广泛栽培并已归化。分布于我国华南、西南各省区及台湾省。

厚藤 *Ipomoea pes-caprae*

又名马鞍藤。多年生草本。茎平卧，浅红色。叶互生，厚纸质，卵形、椭圆形、圆形或肾形，顶端微缺或2裂，基部阔楔形或浅心形。多歧聚伞花序腋生，有花数朵；苞片小，阔三角形；花冠漏斗状，紫色或紫红色，长4~5 cm；雄蕊和花柱内藏。蒴果近球形，直径约1.6 cm。

花期几乎全年，常见于海滨，多生长在海滨沙滩及路边灌丛中。全株可药用；还可作海滩固沙或覆盖植物。分布于我国南部沿海地区。

篱栏网 *Merremia hederacea*

又名鱼黄草、茉栾藤、小花山猪菜。草质藤本，茎缠绕或平卧，有细棱。叶心状卵形，顶端渐尖，具短尖头，基部阔心形，全缘或具疏齿。二歧聚伞花序腋生，有3~5朵花；苞片早落；花冠钟状，黄色，长0.8 cm，纵带具5条纵脉；雄蕊内藏，花柱1枚，柱头球形。蒴果扁球形或宽圆锥形，稍具4棱。

花果期10月至翌年3月。多生于灌丛、荒地或路旁草丛中。分布于广东、广西、云南、海南、江西及台湾等省区。

山茱萸 *Cornus officinalis*

山茱萸科
Cornaceae

落叶乔木或灌木。高4～10 m，树皮灰褐色，枝常对生。叶对生，纸质，卵状披针形或卵状椭圆形。伞形花序生枝侧，花小，两性，先叶开放，花瓣4枚，黄色，舌状披针形，向外反卷；雄蕊4枚，与花瓣互生。核果长椭圆形，红色至紫红色。

花期3—4月，果期9—10月。常见生于林缘或林中。山茱萸的果实可药用。分布于华东、华中、西北各省区。

四照花 *Dendrobenthamia japonica var. chinensis*

落叶小乔木。小枝细，绿色，后变褐色。叶对生，纸质或厚纸质，卵形或卵状椭圆形，先端尾尖。头状花序球形，有花40～50朵；花瓣状总苞片4片，白色，卵形或卵状披针形，先端渐尖；花小，两性；花瓣4枚，分离；雄蕊4枚。聚合状核果，球形，成熟时紫红色。

花期5—6月。常见生于海拔600～2 200 m的林内或阴湿的溪边。花美丽，可栽培供观赏；果实可食，亦可作酿酒原料。分布于陕西、山西、内蒙古及华东、华中和西南各省区。

香港四照花 *Dendrobenthamia hongkongensis*

常绿乔木或灌木。高5~15 m。叶对生，革质，椭圆形至长椭圆形，先端短渐尖或短尾状，基部宽楔形或钝尖形。头状花序球形，直径1 cm，有花50~70朵；花瓣状总苞片4片，白色，宽椭圆形至倒卵状宽椭圆形；花小，两性，有香味，花瓣4枚，淡黄色。果球形，成熟时黄色或红色。

花期5—6月，果期11—12月。常见生于湿润山谷的密林或混交林中。果实可食，也可酿酒；亦可栽培供观赏。分布于长江以南各省区。

十字花科
Cruciferae

心叶碎米荠

Cardamine limprichtiana

多年生草本。高20~40 m，茎和叶有白色柔毛。叶片膜质，基生叶为羽状复叶，茎生叶通常为单叶，三角状心形，顶端尖，基部心形，边缘具钝圆齿。总状花序生于叶腋；花瓣4枚，白色，长圆形或倒卵状楔形。长角果细长，直或弓形弯曲。

花期3—4月，果期4—5月。常见生于林下、路边及山坡岩旁。分布于华东各省区。

猴欢喜 *Sloanea sinensis*

杜英科
Elaeocarpaceae

常绿乔木。高20 m。叶互生，薄革质，形状及大小多变，通常为长圆形或狭倒卵形，具长柄。花有长梗，多朵簇生于枝顶叶腋；花瓣4枚，白色，先端撕裂，有齿刻；雄蕊与花瓣等长。蒴果的大小不一，表面有厚刺，3～7片裂开；内果皮紫红色；种子黑色。

花期9—11月，果期翌年6—7月。多生长于常绿林里。分布于华东、华中、华南各省区。

灯笼树

杜鹃花科
Ericaceae

Enkianthus chinensis

又名灯笼花。落叶灌木或小乔木。高3～6 m。多分枝，枝圆柱形，灰褐色。叶互生，坚纸质，聚集于枝顶，倒卵形或椭圆形，顶端尖，基部楔形，边缘具钝锯齿。花多数组成伞形花序状总状花序；花下垂，花冠阔钟形，肉红色，有深红色条纹，5浅裂；雄蕊10枚。蒴果卵状球形。

花期5—6月，果期6—10月。常见生于海拔900～3 600 m的山坡疏林中。花美丽，可栽培供观赏。分布于长江以南各省区。

吊钟花 *Enkianthus quinqueflorus*

又名铃儿花。落叶灌木或小乔木，高1～7 m。多分枝，小枝灰褐色。叶互生，革质，聚生于枝顶，倒卵或椭圆状长圆形，顶端渐尖，基部渐狭。伞房花序有花6～8朵，苞片红色；花萼红色；花冠宽钟状，粉红色或红色，长约1.2 cm，5裂，裂片外卷，基部有蜜囊。蒴果长圆形，灰黄色。

花期1—5月，果期3—7月。常见生于海拔600～2 400 m的山坡灌丛中。分布于华中、华南及西南各省区。

马醉木 *Pieris japonica*

常绿阔叶灌木或小乔木。高约4 m。叶革质，密集枝顶，椭圆状披针形，先端短渐尖，边缘具细圆齿。总状花序或圆锥花序顶生或腋生，直立或俯垂，花冠白色，坛状，上部浅5裂；雄蕊10枚。蒴果近于扁球形。

花期4—5月，果期7—9月。常见生于海拔800～1 200 m的灌丛中。叶有毒，可作杀虫剂；花美丽，可栽培供观赏。分布于安徽、浙江、福建、台湾等省。

石壁杜鹃 *Rhododendron bachii*

又名腺萼马银花。常绿灌木，高2~3 m。叶散生，薄革质，卵形或卵状椭圆形。花芽圆锥形，鳞片外面密被柔毛。花单朵侧生于上部枝条叶腋；花萼5深裂，裂片卵形或倒卵形；花冠白色、淡紫色或淡紫红色，辐状，5深裂，上方3裂片内面具深红色斑点；雄蕊5枚，不等长。蒴果卵球形，直径约6 mm。

花期4—5月，果期6—10月。常见生于海拔600~1 600 m的疏林内或密林边缘。分布于华东、华南、西南各省区。

刺毛杜鹃

Rhododendron championae

又名太平杜鹃。常绿灌木，高2~5 m。叶厚纸质，长圆状披针形，叶脉下凹。伞形花序生枝顶叶腋，有2~7朵花；花冠狭漏斗状，白色或淡红色，长5~6 cm，5深裂；雄蕊10枚，不等长，比花冠短，花柱比雄蕊长，伸出花冠外。蒴果圆柱形，具6条纵沟。

花期4—5月，果期5—11月。常见生于海拔500~1 300 m的山谷疏林内。分布于华东、华南各省区。

云锦杜鹃 *Rhododendron fortunei*

又名天目杜鹃。常绿灌木或小乔木。高3～12 m。叶厚革质，长圆形至长圆状椭圆形。顶生总状伞形花序，有花6～12朵；花冠漏斗状钟形，粉红色，有香味，直径5～5.5 cm，裂片7枚；雄蕊14枚，不等长。蒴果长圆状卵形至长圆状椭圆形。

花期4—5月，果期8—10月。常见生于海拔620～2 000 m的山脊阳处或林下。分布于长江以南各省区及陕西、河南等省。

鹿角杜鹃 *Rhododendron latoucheae*

常绿灌木或小乔木。高2～5 m。叶集生枝顶，近于轮生，革质，卵状椭圆形或长圆状披针形。花单生枝顶叶腋，枝端具花1～4朵；花冠白色或带粉红色，直径约5 cm，5深裂；雄蕊10枚，不等长，部分伸出花冠外；花柱长约3.5 cm，柱头5裂。蒴果圆柱形，具纵肋，花柱宿存。

花期3—4月，果期7—10月，常见生于海拔1 000～2 000 m的杂木林内。分布于长江以南各省区。

黄山杜鹃 *Rhododendron maculiferum* ssp. *anhweiense*

常绿灌木。高2～4 m。多分枝，粗壮。叶革质，聚生于枝端，卵状披针形或卵状椭圆形。总状伞形花序顶生，有花9～10朵；花冠宽钟形，直径3.8～4.2 cm，粉红色至白色，内面基部有深红色斑块，裂片5枚，宽卵形，顶端有浅缺刻；雄蕊10枚，不等长。蒴果圆柱形。

花期4—5月，果期9—10月。常见生于海拔750～1 700 m的林缘、绝壁上以及山谷旁或密林中。分布于安徽、浙江、江西、湖南及广西等省区。

岭南杜鹃 *Rhododendron mariae*

又名紫花杜鹃。落叶灌木，高1～3 m。叶革质，集生枝端，椭圆状披针形至椭圆状倒卵形。伞形花序顶生，具花7～16朵；花梗长5～12 mm，密被棕褐色柔毛；花冠狭漏斗状，长1.5～2.2 cm，丁香紫色，裂片5枚，长圆状披针形；雄蕊5枚，不等长，伸出花冠外。蒴果长卵球形，密被红棕色糙伏毛。

花期3—6月，果期7—11月。常见生于海拔500～1 250 m的山丘灌丛中。花叶可药用。分布于华东、华南和西南各省区。

满山红 *Rhododendron mariesii*

又名马氏杜鹃、守城满山红。落叶灌木。高1～4m。枝轮生，叶革质或厚纸质，通常每3枚聚生于枝顶，椭圆形或阔卵形，顶端短尖，基部阔楔形。花先叶开放，花冠漏斗形，淡紫红或紫红色，直径4～5 cm，裂片5枚；雄蕊10枚。蒴果短圆柱形，被密毛。

花期3—5月，果期6—11月，常见生于海拔600～1 500 m的山地疏灌丛。分布于长江以南各省区及陕西、河北、河南等省。

羊踯躅 *Rhododendron molle*

又名黄杜鹃、闹羊花。落叶灌木。高0.5～2 m。叶纸质，长圆状披针形，先端具短尖头，基部楔形。伞形花序顶生，有花5～13朵，先叶或与叶同时开放；花冠阔漏斗形，黄色或金黄色，直径5～6 cm；雄蕊5枚，与花冠等长。蒴果圆柱状长圆形，具5条纵肋。

花期3—5月，果期7—8月。常见生于山坡灌丛或杂木林下，是南方有名的有毒植物，人误食后会导致腹泻、呕吐或痉挛等症；全株可药用。分布于长江中下游及以南各省区。

毛棉杜鹃

Rhododendron moulmainense

又名羊角杜鹃。灌木或小乔木。高2～8 m。叶厚革质，集生枝顶，近轮生，椭圆形披针形或长圆状披针形。花芽长圆锥状卵形，鳞片阔卵形或长倒卵形；伞形花序生枝顶叶腋，每花序有花3～5朵；花冠狭漏斗形，粉红色、淡紫色或淡红白色，长4.5～5.5 cm，5深裂；雄蕊10枚，不等长。蒴果圆柱状，花柱宿存。

花期4—5月，果期7—12月，常见生于海拔700～1 500 m的疏林或灌丛中。分布于西南、华南和华东各省区。

马银花 *Rhododendron ovatum*

常绿灌木。高2～6 m。叶卵形或椭圆状卵形，革质，先端具短尖头，基部圆形。花单生枝顶叶腋，花冠淡紫色、紫色或粉红色，辐状，5深裂，裂片内面具粉红色斑点；雄蕊5枚，不等长。蒴果阔卵球形。

花期4—5月，果期7—10月。常见生于海拔1 000 m以下的灌丛中。分布于华东、华中、华南及西南各省区。

猴头杜鹃 *Rhododendron simiarum*

又名南华杜鹃。常绿灌木。高2～5 m。叶常5～7枚密生于枝顶，厚革质，倒卵状披针形或椭圆状披针形。顶生总状伞形花序，有花5～7朵；花冠白色至粉红色，钟状，喉部有紫红色斑点，5裂；雄蕊10～12枚，不等长。蒴果长椭圆形，长1.2～1.8 cm。

花期4—5月，果期7—9月。常见生于海拔500～1 800 m的山坡林中。分布于华东、华南各省区。

杜鹃花
Rhododendron simsii

又名映山红、山石榴。半常绿灌木。高可达3 m，多分枝。叶薄革质，椭圆形至长圆状椭圆形，顶端尖，基部楔形，两面皆被毛。伞形花序顶生，有花2～6朵；花冠阔漏斗状，直径4～5 cm，鲜红色或砖红色，裂片5片，上部裂片有深红色斑点；雄蕊10枚，与花冠等长。蒴果卵圆形。

花期2—5月，果期6—9月。常见生于山地灌丛、溪边或疏林下，是我国杜鹃花属分布最广的一种，分布于长江以南各省区，各地栽培广泛。

大戟科

Euphorbiaceae

大戟 *Euphorbia pekinensis*

又名京大戟。多年生草本，高30～50 cm。茎单生或自基部多分枝。叶互生，纸质，椭圆形或长圆状披针形，顶端尖，基部渐狭且下延，变异较大；总苞叶4～7枚，伞幅4～7，苞叶2枚。花序单生于二歧分枝顶端，总苞杯状，雄花多数，伸出总苞外，雌花1枚。蒴果近球状。

花期5—8月，果期6—9月。多生于荒地、路旁草丛中。广布于我国除云南、西藏、新疆和台湾以外的其他省区。

木油桐 *Vernicia montana*

又名千年桐、皱果桐。落叶乔木，高达20 m。枝条无毛，散生突起皮孔。叶宽大，互生，阔卵形，全缘或2～5裂。花雌雄异株或同株异序；花冠白色或基部紫红色带有紫红色脉纹。核果圆锥状，具3纵棱，棱间有网状皱纹顶，顶端有喙，种子扁球形。

花期4—5月，多生于林缘或疏林中。种子油称桐油，为工业油料植物；可作园林栽培。分布于长江以南各省区。

大风子科
Flacourtiaceae

天料木 *Homalium cochinchinense*

大灌木或小乔木。高2～10 m。树皮灰褐色或紫褐色；老枝有明显纵棱。叶纸质，阔椭圆形至倒卵状长圆形，先端急尖至短渐尖，基部楔形至宽楔形，边缘有疏钝齿。总状花序腋生，8～15 cm；花白色，直径8～9 mm，花瓣匙形。蒴果倒圆锥状。

花期全年，果期9—12月。常见生于海拔400～1 200 m的山地阔叶林中。天料木是名贵材用树种，分布于华东、华南各省区。

龙胆科
Gentianaceae

黄山龙胆 *Gentiana delicata*

一年生草本。高4～8 cm。茎紫红色，密被乳突。叶宽卵形、椭圆形、矩圆形至线状披针形。花多数，单生于小枝顶端；花梗紫红色，坚硬，密被乳突；花冠漏斗形，内面淡蓝色，外面黄绿色，长12～14 mm，裂片间有褶。蒴果矩圆形或矩圆状匙形。

花果期5—7月。常见生于海拔400～2 100 m的山坡、路旁及潮湿处。分布于安徽省。

65

荇菜 *Nymphoides peltatum*

又名莕菜。多年生水生草本。茎圆柱形，多分枝，节下生根。叶飘浮，近革质，卵圆形或圆形，直径1.5～8 cm，基部心形，全缘，叶柄长5～10 cm。花簇生节上，多数；花梗圆柱形，长3～7 cm；花萼深裂至基部；花冠金黄色，直径2.5～3 cm；冠筒短，裂片边缘具不整齐的细条齿。蒴果椭圆形。

花果期4—10月。常见生于池塘或不流动的河溪中。分布于我国大部分省区。

香港双蝴蝶 *Tripterospermum nienkui*

多年生缠绕草本。茎暗紫色或绿色，具细条棱，螺旋状扭转，节间长5～16 cm。基生叶丛生，卵形；茎生叶对生，卵形或卵状披针形。花单生叶腋，或2～3朵呈聚伞花序；花冠狭钟形，紫色、蓝色或绿色带紫斑，

长4～5 cm，裂片间有褶。浆果紫红色，内藏，近圆形至短椭圆形。

花果期9月至翌年1月。常见生于海拔500～1800 m的山谷密林中或山坡路旁疏林中。分布于浙江、福建、湖南、广东和广西等省区。

老鹳草 *Geranium wilfordii*

牻牛儿苗科
Geraniaceae

多年生草本，高30～50 cm。叶基生，茎生叶对生，具托叶；基生叶和茎下部叶具长柄，茎上部叶柄渐短或近无柄；叶片圆肾形，3～5掌状深裂，裂片长

卵形或倒卵状楔形。花序腋生和顶生，花梗在花、果期通常直立；花瓣5枚，白色或淡红色，倒卵形。蒴果长约2 cm，成熟时沿主轴从基部向上端反卷开裂。

花期6—8月，果期8—9月。常见生于低山林下或草甸。分布于东北、华北、华东、华中各省区及陕西、甘肃和四川等省。

苦苣苔科
Gesneriaceae

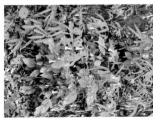

光萼唇柱苣苔 *Chirita anachoreta*

一年生草本。茎高6～55 cm，有2～6节，基部常弯曲。叶对生，草质，狭卵形或椭圆形，基部斜，圆形、浅心形或宽楔形，边缘具细齿。聚伞花序腋生，有1～3花；花冠筒状，白色或淡紫色，檐部二唇形，上唇2裂，下唇3裂。蒴果线形，长7.5～12 cm。

花期7—9月。常见生于山谷林中石上和溪边石上。分布于云南、广西、广东、湖南和台湾等省区。

蚂蝗七 *Chirita fimbrisepala*

多年生草本。具粗根状茎。叶基生，草质，两侧不对称，卵形或近圆形，边缘具齿，密被柔毛。聚伞花序1~4条，有1~5花。花冠淡紫色或紫色，在内面上唇紫斑处有2纵条毛；冠筒细漏斗状，檐部二唇形，上唇2裂，下唇3裂。蒴果线形，长6~8 cm。

花期3—4月。常见生于山谷溪边或石崖上。根状茎可药用。分布于湖南、江西、福建、广东、广西和贵州等省区。

双片苣苔

Didymostigma obtusum

多年生草本。高达30 cm。茎渐升或直立，密被柔毛。叶对生，草质，卵形，顶端微尖或微钝，基部稍斜，宽楔形或圆形，边缘具钝锯齿。聚伞花序腋生，有花2~10朵；花冠淡紫色或白色，筒细漏斗状，檐部二唇形，上唇2浅裂，下唇3浅裂。蒴果线形。

花期6—10月，果期10月，常见生于山谷林中或溪边阴处。分布于广西、广东及福建等省区。

半蒴苣苔 *Hemiboea henryi*

又名山白菜。多年生草本植物。茎高达50 cm，散生紫褐色斑点。叶对生，叶片菱状椭圆形或长椭圆形，叶柄有翅，基部合生，呈船形。聚伞花序腋生，有花3～10朵；花冠白色或带粉红色，具紫色斑点，檐部2唇形，上唇2浅裂，下唇3浅裂。蒴果长约2 cm，近镰刀形。

花期8—10月，果期9—12月。常见生于山谷、林下、石上或沟边阴湿处。全株可药用；叶可作蔬菜。分布于华中、华东、华南、西南各省区及甘肃、陕西等省。

长瓣马铃苣苔 *Oreocharis auricula*

多年生草本。根状茎短而粗。叶基生，具柄，叶片长圆状椭圆形，基部圆形，边缘有钝齿或全缘，被柔毛。聚伞花序腋生，有花4～12朵；苞片2片；花冠细筒状，蓝紫色，喉部缢缩，檐部二唇形，上唇2裂，下唇3裂；雄蕊4枚，分生，内藏。蒴果长圆形。

花期6—7月，果期8月，生于山谷、沟边及潮湿岩石上。分布于广东、广西、江西、湖南、贵州和四川等省区。

黄牛木 *Cratoaylum cochinchinense*

藤黄科
Guttiferae

落叶灌木或乔木，高1.5～25 m，全体无毛，树干下部有簇生的长枝刺。枝条对生，幼枝淡红色。叶对生，坚纸质，椭圆形至长椭圆形或披针形。聚伞花序腋生或腋外生及顶生，有花1～3朵；花直径1～1.5 cm，粉红、深红至红黄色；雄蕊3束，花柱3裂。蒴果椭圆形。

花期4—5月，果期6月以后，常见生于丘陵或灌丛中。分布于广东、广西及云南等省区。

地耳草 *Hypericum japonicum*

又名小元宝草、小连翘。一年生或多年生草本，高2～45 cm。茎单一或多少簇生，具4纵线棱。叶无柄，卵形或卵状三角形至长圆形或椭圆形，先端近锐尖至圆形，基部心形抱茎至截形。花序具1～30花，两岐状或多少呈单岐状；花直径4～8 mm；花瓣白色、淡黄至橙黄色，椭圆形或长圆形；雄蕊5～30枚，不成束。蒴果短圆柱形至圆球形，种子淡黄色，圆柱形，长约0.5 mm，两端锐尖。

花期3—6月，果期6—10月。全株可药用。常见生于田边、沟边、草地及荒地上。分布于长江以南各省区及辽宁、山东等省。

金丝桃 *Hypericum monogynum*

小灌木。高0.5～1.3 m。多分枝，枝红色。叶对生，椭圆形或倒披针形，顶端具细小尖突，基部楔形或心形。伞房状花序顶生，花黄色，直径3～6.5 cm；雄蕊5束，基部合生，每束25～35枚，与花瓣等长。蒴果卵形。

花期5—8月，果期8—9月。常见生于山坡或灌丛中。金丝桃的花美丽，常见园林栽培供观赏；果实及根可药用。分布于华北、华东、华中、华南及西南各省区。

金缕梅科

Hamamelidaceae

蜡瓣花 *Corylopsis sinensis*

落叶灌木或小乔木。小枝有柔毛。叶互生，薄革质，卵形或倒卵形，边缘有锐锯齿。总状花序长3～5 cm，下垂；苞片卵形；花两性，先叶开放；花瓣5枚，黄色；雄蕊5枚，退化雄蕊5枚；花柱2裂，宿存。蒴果近圆球形。

花期4—5月，常见生于山地灌丛。花枝叶可药用；也可栽培供观赏。分布于华东、华中各省区及广西壮族自治区等。

金缕梅 *Hamamelis mollis*

落叶灌木或小乔木。高达8 m。叶纸质或薄革质，阔倒卵圆形。头状或短穗状花序腋生，有花数朵，无花梗；花瓣带状，长约1.5 cm，黄白色；雄蕊4枚，退化雄蕊4枚。蒴果卵圆形，密被黄褐色星状绒毛。

花期5月，常见生于中海拔的次生林或灌丛。分布于华东、华中及西南各省区。

檵木 *Loropetalum chinense*

灌木或小乔木。高可达12 m。叶互生，革质，卵形，先端尖，基部钝，全缘；托叶早落。花3～8朵簇生于总状花梗上，呈顶生头状或短穗状花序，花瓣4枚，白色，带状，长1～2 cm。蒴果褐色，近卵形，长约1 cm。

花期3—5月，果期6—8月。常见生于山地灌丛或林下。分布于华东、华南、西南各省区。

红花荷 *Rhodoleia championii*

又名红苞木。常绿乔木，高达12 m。叶互生，厚革质，卵形，顶端钝或尖，基部阔楔形。头状花序生于叶腋，有花5~8朵，长3~4 cm，常下垂；总苞状苞片卵圆形，大小不等；花瓣匙形，红色或紫红色；雄蕊与花瓣等长。头状果序有蒴果5个，卵圆形。

花期3—4月。常见生于常绿阔叶林中。分布于华南各省区。

鸢尾科 Iridaceae

射干 *Belamcanda chinensis*

多年生草本。根状茎呈不规则的块状。茎高约1 m，叶片剑形，互生，在茎上排成二列，在叶基部互相套叠。二歧或三歧状伞房花序顶生；花橙红色，散生紫褐色斑点，直径4~5 cm，花被片6片，2轮排列，基部合生成极短的管；雄蕊3枚，花柱顶端3裂。蒴果倒卵形或长椭圆形，种子近圆球形。

花期6—8月，果期7—9月，常见生于山坡草地和林缘。花美丽，可栽培供观赏；根状茎可药用。分布于东北、华北、华中、华南、西南、西北各省区。

蝴蝶花 *Iris japonica*

又名日本鸢尾。多年生草本，根状茎细长，具多数明显的节。叶基

生，暗绿色，剑形，相互套叠排成二列。花茎直立，高于叶片，顶生稀疏总状聚伞花序；花淡蓝色或蓝紫色，直径4.5～5.5 cm；花被管状，花被裂片6枚，排成两轮，外花被裂片有隆起的黄色鸡冠状附属物。蒴果倒卵状圆柱形，具6条纵棱，成熟时自顶端开裂至中部。

花期3—4月，果期5—6月。常见生于山坡较阴湿的草地、疏林下。根茎可药用；花美丽，可栽培供观赏。分布于长江以南各省区及陕西、甘肃等省。

小花鸢尾 *Iris speculatrix*

多年生草本，根状茎细长。叶基生，暗绿色，线形或近剑形，互套叠排成二列，具3～5条纵脉。花茎偶有侧枝，苞片2～3枚，内有花1～2朵；花蓝紫色或淡蓝色，直径约6 cm；花被管状，花被裂片6枚，排成两轮，外花被具深紫色的环形斑纹，中脉有鲜黄色的鸡冠状附属物。蒴果椭圆形，顶端具细长而尖的喙。

花期5月，果期7—8月，常见生于山地、路旁、林缘或疏林下。分布于长江以南各省区。

唇形科
Labiatae

紫背金盘 *Ajuga nipponensis*

又名筋骨草、白毛夏枯草。一或二年生草本。茎直立，四棱形，通常从基部分枝，高10～20 cm。叶对生，阔椭圆形或卵状椭圆形，基部楔形，下延，边缘具不整齐的波状圆齿，背面常带紫色。轮伞花序多茎中部以上，向上渐密集组成顶生穗状花序。花冠淡蓝色或蓝紫色，具深色条纹，筒状，冠檐二唇形。小坚果卵状三棱形。

花期4—6月，果期5—7月。生于田边草地湿润处、林内及向阳坡地，全株可药用。分布于华东、华中、华南和西南各省区。

广防风 *Epimeredi indica*

直立粗壮草本，高1～2 m。茎四棱形，具浅槽，密被白柔毛。叶草质，阔卵形，边缘具不规则的牙齿，两面具毛。轮伞花序排成顶生的长穗状花序；花萼钟形，萼齿5个；花冠淡紫色，冠檐二唇形，上唇直立，下唇3裂，中裂片较大；雄蕊4枚，二强。小坚果近球形，黑色。

花期8—9月，果期9—11月，常见生于路旁、旷野、荒地和林缘。民间常用草药，主要分布于长江以南各省区。

活血丹 *Glechoma longituba*

又名连钱草、透骨消。多年生草本。高10～30 cm。茎四棱形，下部匍匐，节上生根。叶对生，薄纸质，肾形至圆心形，先端急尖或钝三角形，边缘具圆齿。轮伞花序通常2朵花，花冠管状，上部膨大，淡紫或淡蓝色，冠檐二唇形，上唇直立，下唇3裂，具深色斑点；雄蕊4枚。小坚果长圆形。

花果期4—6月。常见生于疏林下、草地、溪边和路旁。全株可药用。分布于我国大部省区。

宝盖草 *Lamium amplexicaule*

一、二年生草本。高10～30 cm，茎四棱形，具浅槽。叶对生，圆形或肾形，边缘具深圆齿。轮伞花序6～10花，花冠紫红色或粉红色，冠筒细长，冠檐二唇形，上唇直伸，下唇3裂。小坚果倒卵圆形，具三棱。

花期3—5月，果期7—8月。常见生于路旁、沼泽草地及林缘，海拔可高达4 000 m。全株可药用。分布于华东、华中、西南、西北各省区及西藏。

野芝麻 *Lamium barbatum*

多年生草本。高25～100 cm。茎直立，四棱形，具浅槽，中空。叶草质，两面疏生柔毛；茎下部的叶卵圆形或心脏形，茎上部的叶卵圆状披针形。轮伞花序生于茎端，有花4～14朵，花冠白色或浅黄色，冠筒直伸，上方膨大呈囊状，冠檐二唇形，上唇直立，下唇3裂，中裂片倒肾形，顶端深凹；雄蕊4枚。小坚果倒卵形，有3棱。

花期3—6月。常生于溪边、路旁及荒坡上。全株可药用，主要分布于东北、华北、华东、西北、西南各省区。

华鼠尾草 *Salcia chinensis*

又名紫参、野沙参。一年生草本。高20～70 cm。全株被倒生的柔毛。茎单一或分枝，直立或基部倾斜，四棱形。叶对生；下部叶为三出复叶，顶端小叶较大，两侧小叶较小，卵形或披针形，上部叶单叶，卵形至披针形。轮伞花序，每轮有花6朵，组成总状花序或总状圆锥花序，顶生或腋生，花序长5～24 cm；花冠紫色或蓝紫色，冠檐二唇形。小坚果椭圆状卵形，包被于宿萼之内。

花期8—10月，常见生于草丛、林缘或疏林下。全株可药用。分布于长江以南各省区。

半枝莲 *Scutellaria barbata*

又名水黄芩、狭叶韩信草。多年生草本，高12～55 cm。茎直立，四棱形。叶对生，卵状披针形或三角状卵圆形，长1.3～3.2 cm，宽0.5～1.4 cm，边缘有浅齿。花单生于叶腋，蓝紫色，外面有密柔毛；冠檐二唇形，上唇盔状。小坚果卵球形。

花果期4—7月。常见生于田边、溪边或湿草地上。分布于陕西、山东、河北、河南等省及长江以南各省区。

韩信草 *Scutellaria indica*

多年生草本。高10～30 cm。茎直立，四棱形，常带暗紫色。叶草质或近坚纸质，心状卵圆形至椭圆形，顶端钝或圆，基部圆形或心形，边缘密生圆齿。花排成顶生的总状花序，长4～8 cm；花对生，花冠蓝紫色，冠檐二唇形，上唇盔状，下唇中裂片具深紫色斑点，雄蕊4枚，二强。

花果期2—6月。韩信草又名耳挖草，全株可药用。常见生于山地路边、林缘及草地上。分布于长江流域及以南各省区。

假活血草 *Scutellaria tuberifera*

一年生草本，高10~25 cm。茎直立或基部伏地而上升，四棱形。叶圆形、圆状卵圆形、披针状卵圆形或肾形，先端钝或圆形，基部深心形，边缘具圆齿。花单生于茎中部以上或茎上部的叶腋内，花冠淡紫或蓝紫色，冠檐二唇形。小坚果卵球形。

花期3—4月，果期4月。常见生于草丛、竹林或密林下。分布于江苏、浙江、安徽和云南等省。

野木瓜 *Sauntonia chinensis*

木通科
Lardizabalaceae

木质藤本。掌状复叶有5~7枚小叶，叶柄长5~10 cm；小叶革质，长圆形至长圆状披针形。花雌雄同株，通常3~4朵组成伞房花序式的总状花序；雄花：萼片外面淡黄色或乳白色，内面紫红色，外轮的披针形，内轮的线状披针形，蜜腺状花瓣舌状；雌花：萼片与雄花的相似但稍大，蜜腺状花瓣与雄花的相似，心皮卵状棒形，柱头头状，偏斜。果长圆形，长7~10 cm，直径3~5 cm；种子近三角形。

花期3—4月，果期6—10月。常见生于疏林中，全株可药用，分布于长江以南各省区。

木通 *Akebia quinata*

　　落叶木质藤本。茎皮灰褐色，有小皮孔。掌状复叶互生或在短枝上簇生，通常有小叶5片，小叶纸质，倒卵形或倒卵状椭圆形。花单性，雌雄同株；总状花序腋生，基部有雌花1~2朵，以上4~10朵为雄花。雄花：萼片通常3~5片，淡紫色，偶有淡绿色或白色；雌花：萼片暗紫色，偶有绿色或白色。果孪生或单生，长圆形或椭圆形，成熟时紫色。

　　花期4~5月，果期6~8月。常见生于山地灌丛、林缘和沟谷中。茎、根和果实可药用；果味甜可食。分布于长江流域各省区。

樟科
Lauraceae

山鸡椒 *Litsea cubeba*

　　又名木姜子、山苍树。落叶灌木或小乔木，高达8~10 m。小枝细长，枝、叶具芳香味。叶互生，披针形或长圆形。伞形花序单生或簇生，每一花序有花4~6朵，先叶开放或与叶同时开放；花黄白色，裂片6枚，宽卵形。果近球形，直径约5 mm，成熟时黑色。

　　花期2—3月，果期7—8月。常见生于山地灌丛、疏林或林中路旁。根、茎、叶及果均可药用；花果及叶可提取山苍子油。分布于长江以南各省区及西藏自治区等。

豆 科

Leguminosae

紫云英 *Astragalus sinicus*

又名红花草子。二年生草本植物，多分枝，匍匐，高10～30 cm。奇数羽状复叶，有小叶7～13枚，小叶椭圆形或倒卵形。总状花序近伞形，有花5～10朵，总花梗腋生，较叶长；蝶形花冠粉红至紫红色。荚果线状长圆形，具短喙，稍弯曲。

花期2—6月，果期3—7月，常见生于山坡、溪边及潮湿处。是重要的绿肥作物和蜜源作物；也可作蔬菜食用。主要分布于长江中下游流域及以南各省区。

鞍叶羊蹄甲 *Bauhinia brachycarpa*

直立或攀援小灌木；小枝纤细，具棱。叶纸质或膜质，近圆形，基部近截形或浅心形，先端2裂达中部；托叶丝状早落。伞房式总状花序侧生，有密集的花十余朵；花瓣5枚，白色，倒披针形；能育雄蕊通常10枚，其中5枚较长。荚果长圆形，扁平，两端渐狭，先端具短喙。

花期5—7月；果期8—10月。常见生于山地草坡或溪旁灌丛中。 分布于四川、云南、湖北及甘肃等省。

云实 *Caesalpinia decapetala*

又名水皂角。藤本，枝、叶轴和花序均被柔毛和钩刺。二回羽状复叶长20～30 cm，羽片对生，3～10对；小叶8～12对，长圆形。总状花序顶生，直立，长15～30 cm；花瓣5枚，黄色，膜质，圆形或倒卵形，盛开时反卷；雄蕊与花瓣近等长。荚果长圆状舌形，长6～12 cm，宽2.5～3 cm。

花期4—11月，果期6月至翌年3月。常见生于平原、丘陵、河旁或多石山坡灌丛中，根、茎及果可药用。分布于长江以南各省区及陕西、甘肃、河北、河南等省。

南蛇簕 *Caesalpinia minax*

又名喙荚云实。木质藤本，具疏刺，植株被短柔毛。二回羽状复叶长可达45 cm，有羽片5～8对；小叶6～12对，椭圆形或长圆形，先端圆钝或急尖，基部圆形，微偏斜。总状花序或圆锥花序顶生，花白色，具紫色斑点，花瓣5枚，倒卵形；雄蕊10枚，较花瓣短。荚果长圆形，先端圆而有喙，果瓣密生针状刺。

花期4—5月，果期7月。常见生于溪旁、山沟、山坡或灌丛中。种子可药用。分布于云南、四川、贵州、广西、广东等省区。

海刀豆 *Canavalia maritima*

粗壮、草质藤本。茎长达30 m。羽状复叶有3小叶，小叶倒卵形、椭圆形或近圆形，先端圆或截平，常微凹，侧生小叶基部常偏斜，两面被长柔毛。总状花序腋生，花1～3朵聚生于花序轴的近顶部的节上；蝶形花冠紫红色，旗瓣大，近圆形，翼瓣镰刀状。荚果大，线状长圆形，顶端具喙尖。

花期6—7月，常见蔓生于海边沙滩上。分布于我国东南部至南部各省区。

望江南 *Cassia occidentalis*

亚灌木或灌木，高0.8～1.5 m。茎直立，分枝少，有棱。偶数羽状复叶，长约20 cm，有小叶4～5对，小叶膜质，卵形至卵状披针形；托叶卵状披针形，早落。伞房状总状花序腋生或顶生；花近辐射对称，黄色，花瓣5枚，雄蕊10枚，可育雄蕊7枚。荚果带状镰形，扁平，有种子30～40颗。

花期4—8月，果期6—10月。根、叶、种子可药用。常见生于河边、旷野或丘陵的灌丛或疏林中。原产于美洲热带地区，现广布于全世界热带和亚热带地区。我国分布于华东、华南及西南各省区。

黄山紫荆 *Cercis chingii*

又名浙皖紫荆。丛生灌木。高2~6 m。枝呈披散状，密生小皮孔。叶互生，近革质，肾形或卵圆形。花数朵簇生于老枝上，先叶开放；花萼短钟状，红色，5裂；花瓣5枚，近蝶形，不等大，淡紫红色，后渐变白色；雄蕊10枚，分离，花柱线形。荚果厚革质，具粗喙，成熟时2瓣裂，种子3~6颗。

花期2~3月，果期9~10月。常见生于低海拔山地疏林灌丛，路旁。分布于安徽、浙江和广东北部等地。

猪屎豆 *Crotalaria pallida*

多年生草本。或呈灌木状。茎枝圆柱形，具小沟纹，密被短柔毛。托叶刚毛状，早落；叶为三出掌状复叶，小叶长圆形或椭圆形，先端钝圆或微凹，基部阔楔形。总状花序顶生，长达25 cm，有花10~40朵；花萼近钟形，5裂；蝶形花冠黄色，伸出萼外。荚果长圆形，长3~4 cm。

花果期9—12月间，常见生于荒山草地及沙质土壤之中。全草可药用，也可作绿肥或饲料。分布于华南和西南各省区。

两粤黄檀 *Dalbergia benthami*

又名粤桂黄檀。木质藤本，有时呈灌木状。枝长，干时黑色。奇数羽状复叶长12～17 cm，有小叶2～3对，小叶近革质，卵形或椭圆形，互生。圆锥花序腋生，长约4 cm；总花梗极短；蝶形花冠白色，芳香，长约8 mm，花瓣具柄。荚果薄革质，舌状长圆形，具细网纹，不开裂。

花期2—5月，果期4—6月。常见生于疏林或灌丛中，常攀援于树上。分布于广东、广西和海南等省区。

假地豆 *Desmodium heterocarpon*

又名异果山绿豆。小灌木或亚灌木。茎直立或平卧，高30～150 cm，基部多分枝。羽状三出复叶，小叶3；托叶狭三角形，宿存；小叶纸质，顶生小叶椭圆形或宽倒卵形，侧生小叶较小。总状花序顶生或腋生，长2.5～7 cm；花小，极密，每2朵生于花序的节上；蝶形花冠紫红色，紫色或白色。荚果密集，狭长圆形。

花期7—10月，果期10—11月。常见生于山坡草地、水旁、灌丛或林中。全株可药用。分布于长江以南各省区。

大叶千斤拔

Flemingia macrophylla

直立灌木。高0.8~2.5 m。叶为指状3小叶，纸质或薄革质，顶生小叶宽披针形至椭圆形，基出脉3条；侧生小叶稍小，偏斜；叶柄具狭翅。总状花序数个聚生于叶腋，花多而密集；蝶形花冠紫红色。荚果椭圆形，先端具小尖喙；种子近圆形，黑色。

花期6—9月，果期10—12月。常见生于旷野、灌丛中。根可药用，分布于华南、西南各省区。

马棘 *Indigofera pseudotinctoria*

小灌木。高1~3 m；多分枝。枝细长，有棱。奇数羽状复叶有小叶3~5对，小叶对生，椭圆形、倒卵形或倒卵状椭圆形，先端圆或微凹，有小尖头，基部阔楔形或近圆形。总状花序腋生；花小，密生；蝶形花冠淡红色或紫红色。荚果线状圆柱形，种子肾形。

花期5—8月，果期9—10月。常见生于山坡林缘及灌木丛中。根可药用。分布于华东、华南、西南各省区。

截叶铁扫帚 *Lespedeza cuneata*

又名截叶胡枝子。直立或斜升小灌木。高达1m，上部分枝，被毛。羽状复叶具3小叶，小叶楔形或线状楔形，先端截形成近截形，具小刺尖，叶背面密被伏毛。总状花序腋生，有花2～4朵；总花梗极短；花冠淡黄色或白色；闭锁花簇生于叶腋。荚果宽卵形或近球形，被伏毛。

花期7—8月，果期9—10月。常见生于山坡、路旁草丛中。分布于陕西、甘肃、山东、河南、湖北、湖南、广东、四川、云南、西藏及台湾等省区。

美丽胡枝子 *Lespedeza formosa*

直立灌木，高1～2m。羽状复叶具3小叶，小叶长圆状椭圆形或卵形。总状花序腋生，比叶长，或构成顶生的圆锥花序；总花梗长可达10cm；花冠红紫色，长10～15mm。荚果倒卵形或倒卵状长圆形，表面具网纹且被疏柔毛。

花期7—9月，果期9—10月。常见生于山坡、路旁及林缘灌丛中。花美丽，可栽培供观赏。分布于河北、陕西、甘肃、河南、山东等省以及长江以南各省区。

短萼仪花

Lysidice brevicalyx

乔木。高10～20m。偶数羽状复叶，有小叶3～5对，小叶对生，长圆形或卵状披针形，先端钝或尾状渐尖，基部楔形或钝。圆锥花序长13～20cm，苞片和小苞片白色；花紫红色，花萼管状，4裂；花瓣5枚，上面3片较大，倒卵形；可育雄蕊2枚。荚果长圆形，长15～26cm。

花期4—5月；果期8—9月。常见生于山谷、溪边的林中。根、茎、叶亦可药用，分布于广东、广西、贵州及云南等省区。

白花油麻藤 *Mucuna birdwoodiana*

又名禾雀花。大型常绿木质藤本。老茎外皮灰褐色，具汁液。羽状复叶长17～30cm，有小叶3枚；小叶近革质，顶生小叶较狭而长，侧生小叶基部偏斜。总状花序生于老枝上或叶腋，长20～38cm，花2～3朵生于花序轴的每节上；花大而美丽，蝶形花冠绿白色或白色。荚果带状，密被短绒毛。

花期4—6月，果期6—11月。常见攀援在山地、溪边和路旁的乔、灌木上。茎藤可药用，花可食用，种子有毒。分布于四川、贵州、广东、广西、江西、福建等省区。

水黄皮
Pongamia pinnata

乔木。高8~15 m。嫩枝通常无毛，老枝密生灰白色小皮孔。奇数羽状复叶有小叶2~3对，小叶近革质，卵形、阔椭圆形至长椭圆形。总状花序腋生，长15~20 cm，通常2朵花簇生于花序总轴的节上；花萼下有卵形的小苞片2枚；蝶形花冠白色或粉红色。荚果长4~5 cm，宽1.5~2.5 cm，有种子1粒；种子肾形。

花期5—6月，果期8—10月。常见生于溪边、塘边及海边。全株可药用，木材可制作各种器具。分布于福建、广东、海南等省。

葛藤 *Pueraria thunbergiana*

又名葛、野葛。多年生粗壮藤本。长5~10 m，全株被黄色长硬毛，具块状根。羽状复叶具3小叶，宽卵形，3浅裂。总状花序腋生，长15~30 cm，花2~3朵聚生于花序轴的节上；蝶形花冠紫色，长约1 cm。荚果长椭圆形，扁平。

花期9—10月，果期11—12月。常见生于山地疏林中。根可药用；茎皮纤维供织布和造纸用。分布几遍及全国，以华东、华南和西南各省为多。

田菁 *Sesbania cannabina*

一年生草本。主根粗，侧根发达。茎直立，无刺，初生时有绒毛。偶数羽状复叶，小叶对光敏感，有昼开夜合和向光习性。总状花序腋生，蝶形花冠黄色或具斑点。荚果圆柱状条形，嫩时青绿，老熟时呈黄褐色，每荚含种子20～35粒。

花果期7—12月。通常生于水田、水沟等潮湿低地边。茎、叶可作绿肥及牲畜饲料。分布于江苏、浙江、福建、江西、广东、广西、海南、云南等省区，有栽培或逸为野生。

白灰毛豆 *Tephrosia candida*

灌木状草本。高1～3.5 m。茎木质化，具纵棱，被灰色长茸毛。奇数羽状复叶有小叶8～12对，小叶片长圆形，先端具细凸尖。总状花序顶生或侧生，疏生多花；蝶形花冠白色、淡黄色或淡红色。荚果线形，密被绒毛，有种子10～15粒。

花期10—11月，果期12月。可作绿肥，原产于印度东部和马来半岛，我国福建、广东、广西、云南等省区有种植，并逸生于草地、旷野和山坡。

猫尾草 *Uraria crinita*

又名长穗猫尾草。亚灌木。高1~1.5 m。茎直立，分枝少。奇数羽状复叶有小叶3~5枚，小叶近革质，长椭圆形、卵状披针形或卵形。总状花序顶生，长15~30 cm或更长，密被灰白色长硬毛；花冠紫色，长6 mm。荚果有2~4荚节，荚节椭圆形，具网脉。

花果期4—9月。多生于干燥旷野坡地、路旁或灌丛中。全株可药用。分布于福建、江西、广东、广西、海南、云南及台湾等省区。

狸尾豆
Uraria lagopodioides

多年生草本。平卧或开展，茎和分枝长达60 cm。花枝直立或斜举，被短柔毛。叶通常为3小叶，稀为单小叶；小叶纸质，近圆形或椭圆形至卵形。总状花序顶生，长3~6 cm，直径1.5~2 cm，花密生；花小，长约6 mm，淡紫色。荚果小，包藏于萼内，有荚节1~2，荚节椭圆形。

花果期8—10月。常见生于旷野坡地灌丛中。全株可药用。分布于福建、江西、湖南、广东、海南、广西、贵州、云南及台湾等省区。

广布野豌豆 *Vicia cracca*

多年生草本。高40~150 cm。茎四棱形，攀缘或斜升。偶数羽状复叶，具小叶5~12对，叶轴末端成分枝或单一的卷须；托叶披针形或戟形，小叶线形或披针状线形。总状花序与叶近等长，有花10~40朵，密集于一侧生于总花序轴上部；花冠紫色、紫红色或蓝紫色。荚果长圆状菱形。

花果期5—9月。为水土保持绿肥作物，嫩时为牛羊等牲畜喜食饲料，同时为早春蜜源植物之一。广布于全国各省区的草甸、山坡、河滩草地、林缘及灌丛等处。

救荒野豌豆 *Vicia sativa*

义名大巢菜。一年或二年生草本。高25~50 cm。偶数羽状复叶，叶轴顶端具卷须；托叶戟形，小叶4~8对，叶片长圆形或倒披针形，先端截形，基部楔形。总状花序腋生，有花1~2朵，蝶形花冠深紫色或玫红色。荚果线形，扁平；种子圆球形，棕色。

花期3—4月，果期5—6月。常见生于荒山、田边草丛及林中。为优良牧草及绿肥。全国各地均有分布。

紫藤 *Wisteria sinensi*

落叶木质大型藤本。干皮灰白色，成纵裂。奇数羽状复叶，互生，托叶线形，早落；小叶7～13枚，卵状椭圆形至卵状披针形。总状花序顶生或腋生，长15～30 cm，下垂，蝶形花冠紫色至淡紫色，芳香。荚果倒披针形，长10～15 cm，宽1.5～2 cm，密被绒毛。

花期4—5月，果期5—8月。花大美丽、开花繁茂，多产于长江流域各省，在南方各省区栽培广泛。

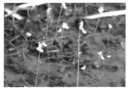

狸藻科
Lentibulariaceae

黄花狸藻
Utricularia aurea

又名黄花挖耳草。水生草本。无真正的根和叶，茎枝变态成匍匐枝和叶器，匍匐枝圆柱形，具分枝。叶器多数，互生，3～4深裂达基部。捕虫囊通常多数，侧生于叶器裂片上，斜卵球形，口侧生。花序直立，长5～25 cm，具3～8朵花；花冠二唇形，黄色，喉部有时具橙红色条纹。蒴果球形，直径4～5 mm。

花期6—11月，果期7—12月。常见生于湖泊、池塘和稻田中。分布于长江以南各省区。

荞麦叶大百合

Cardiocrinum cathayanum

百合科

Liliaceae

多年生草本，小鳞茎卵形。茎高50～150 cm，直径1～2 cm。茎生叶散生；叶纸质，卵状心形或卵形。总状花序有花3～5朵；每花具一枚矩圆形苞片；花狭喇叭形，白色，具紫色条纹；花被片6枚，条状倒披针形；雄蕊6枚，花药丁字状，柱头微3裂。蒴果近球形，具6钝棱并有多数细横纹。

花期7—8月，果期8—9月。常见生于山坡林下阴湿处。果可药用。分布于湖北、湖南、江西、浙江、安徽和江苏等省区。

宝铎草 *Disporum sessile*

多年生草本。根状茎肉质，横出。茎直立，高30～80 cm，上部有叉状分枝。叶互生，纸质，矩圆形、卵形、椭圆形至披针形，脉上和边缘有乳头状突起。花黄色、绿黄色或白色，1～3朵着生于分枝顶端；花被近筒状，花被片6枚，离生，倒卵状披针形；雄蕊6枚。浆果椭圆形或球形，直径约1 cm。

花期3—6月，果期6—11月。常见生于林下或灌木丛中。根状茎可药用。分布于长江以南各省区以及山东、河南、河北、陕西等省。

浙贝母 *Fritillaria thunbergii*

多年生草本。株高50~80 cm，具鳞茎。茎直立，不分枝。叶条形至披针形，散生、对生和轮生。花1~6朵，钟形，俯垂，淡黄色；顶端的花具3~4枚叶状苞片，其余的具2枚苞片；花被片长圆形，雄蕊6枚。蒴果具6棱。

花期3—4月。常见生于海拔较低的山丘阴蔽处或竹林下。鳞茎可药用。分布于江苏、浙江和湖南等省。

野百合 *Lilium brownii*

多年生草本。鳞茎球形，直径2~4.5 cm。茎高0.7~2 m。叶散生，通常自下向上渐小，披针形、窄披针形至条形。花单生或几朵排成近伞形；花喇叭形，有香气，乳白色，外面稍带紫色；花被片6枚，2轮，离生；雄蕊6枚，花柱细长，柱头3裂。蒴果矩圆形，有棱，具多数种子。

花期5—6月，果期9—10月。常见生于山坡、灌木林下、路边、溪旁或石缝中。鳞茎含丰富淀粉，可食用，亦可药用。分布于长江以南各省区以及陕西、甘肃、河南等省。

华重楼

Paris polyphylla var. *chinensis*

多年生草本。高35~100 cm。根状茎圆柱形。叶5~8枚轮生，通常7枚，倒卵状披针形、矩圆状披针形或倒披针形，基部通常楔形。花单生于叶轮中央，花被片离生，排成两轮，外轮花被片叶状，内轮花被片狭条形，通常中部以上变宽，长为外轮的1/3至近等长或稍超过；雄蕊8~10枚。

花期5—7月，果期8—10月。常见生于林下荫处或沟谷边的草丛中。根状茎可药用。分布于长江以南各省区。

多花黄精

Polygonatum cyrtonema

多年生草本。高50~100 cm。根状茎肥厚，通常连珠状或结节成块。叶互生，椭圆形至长圆状披针形，顶端渐尖。伞形花序腋生，有花2~7朵，总花梗长1~4 cm；花被片6枚，下部合生成筒，黄绿色，长1.8~2.5 cm，顶端6裂；雄蕊6，内藏。浆果球形，黑色，直径约1 cm。

花期4—6月，果期8—10月。常见生于林下、灌丛或山坡阴处。根状茎可药用，分布于长江中下游及以南各省区。

鹿药

Smilacina japonica

多年生草本。高30~60 cm。茎单生，直立，下部有膜质鞘，具4~9枚叶。叶纸质，卵状椭圆形或椭圆形。圆锥花序顶生，长3~6 cm，有10~20余朵花；花单生，白色；花被片6枚，分离或仅基部稍合生，矩圆形或矩圆状倒卵形；雄蕊6枚。浆果近球形，直径5~6 mm，成熟时红色。

花期5—6月，果期8—9月。常见生于林下阴湿处或岩缝中。分布于东北、华中、华东和西南地区。

菝葜 *Smilax china*

又名金刚根。落叶攀援状灌木。地下茎呈块根状。茎长1~3 m，有刺。叶互生，革质，卵圆形，托叶特化为卷须。伞形花序腋生，近球形，有花10余朵；花单性异株，黄绿色，花被片6枚。浆果球形，红色。

花期2—5月，果期9—11月。常见生于林下、灌丛中、路旁、河谷或山坡上。根状茎可以提取淀粉和栲胶，也可药用。分布于华东、华中、华南及西南各省区。

白穗花 *Speirantha gardenii*

多年生草本。根状茎较粗，圆柱形，节上生纤细的匍匐茎。叶基生，4~8枚，倒披针形、披针形或长椭圆形，先端渐尖，基部渐狭成柄，柄基部扩大成膜质鞘。花葶侧生，高13~20 cm；总状花序有花12~18朵；苞片白色或稍带红色，短于花梗；花被片分离，披针形，反折；雄蕊6枚，短于花被片。浆果近球形，直径约5 mm。

花期5—6月，果期7月。常见生于山谷溪边和阔叶树林下。分布于江苏、浙江、安徽和江西等省。

老鸦瓣 *Tulipa edulis*

又名光慈姑。多年生草本。具鳞茎。植株高10~25 cm，通常不分枝。叶2枚，长条形，长10~25 cm，远比花长。花单朵顶生，靠近花的基部具2枚对生的苞片；花漏斗形钟状，花被片6枚，离生，白色，背面有紫红色纵条纹；雄蕊3长3短。蒴果近球形，有长喙。

花期3—4月，果期4—5月。常见生于山坡草地及路旁。鳞茎可药用，还可提取淀粉。分布于辽宁、陕西、山东、江苏、浙江、安徽、江西、湖北、湖南等省。

马钱科
Loganiaceae

白背枫 *Buddleja asiatica*

又名驳骨丹、山埔姜。常绿灌木或小乔木。高1～8 m。嫩枝四棱形，老枝圆柱形。叶对生，叶片膜质至纸质，披针形，全缘或有小锯齿。圆锥花序顶生或腋生，长7～25 cm；花冠高脚碟状，白色，有时淡绿色，芳香，裂片4枚；花冠管圆筒状，直立；雄蕊4枚。蒴果长圆形。

花期1—10月，果期3—12月。常见生于灌丛中或疏林缘。根和叶可药用；花芳香，可提取芳香油。分布于长江以南各省区及陕西、西藏。

醉鱼草 *Buddleja lindleyana*

落叶灌木。高1～3 m。小枝具四棱。叶对生，嫩枝上的叶为互生或近轮生，叶片膜质，卵形、椭圆形至长圆状披针形，顶端渐尖，全缘或疏生波状齿。聚伞总状花序顶生，长10～45 cm；花冠紫色，芳香，裂片4枚；花冠管状；雄蕊4枚。蒴果长圆状或椭圆状。

花期4—10月。常见生于山地灌丛或林中。全株有毒，花、叶、根可药用；可栽培供观赏。分布于长江以南各省。

密蒙花 *Budlleja officinalis*

灌木。高1～4 m。小枝、叶、花序密被绒毛。叶纸质，对生，狭椭圆形、卵状披针形或长圆状披针形。聚伞圆锥花序顶生，长5～30 cm，花多而密集；花冠高脚碟状，紫色，后变白或淡黄白色，喉部橘黄色，裂片4枚；雄蕊4枚。蒴果椭圆状。

花期3—4月，果期5—8月。常见生于山坡、林缘、灌丛中。全株可药用；花可提取芳香油，亦可做黄色食品染料；茎皮可做造纸原料。分布于长江以南各省区及山西、陕西、甘肃、河南、西藏等省区。

钩吻 *Gelsemium elegans*

又名断肠草、大茶藤。常绿木质藤本，长3～12 m。叶对生，膜质，卵形至卵状披针形。三歧聚伞花序顶生或腋生；花冠漏斗状，黄色，内面有淡红色斑点，裂片5枚；雄蕊5枚，伸出花冠管喉部之外；花柱线形，柱头2裂，裂片顶端再2裂。蒴果卵形或椭圆形，成熟时黑色。

花期5—11月，果期7月至翌年3月。常见生于灌丛中或山坡疏林下。全株有剧毒，误食可致死；可作兽药或农药。分布于江西、福建、台湾、湖南、广东、海南、广西、贵州、云南等省区。

千屈菜科
Lythraceae

千屈菜
Lythrum salicaria

多年生草本。高30～100 cm。茎直立，小枝四棱形。叶对生或三枚轮生，披针形或阔披针形。聚伞花序簇生，组成一大型穗状花序；花萼筒状，有纵棱；花瓣6枚，紫红色或淡紫色，倒披针状长椭圆形；雄蕊12枚，6长6短。蒴果椭圆形。

花期7—9月，果期9—10月。常见生于溪边、湖畔、河岸及湿润草地。全株可药用；可栽培供观赏。分布于全国各地，现栽培广泛。

圆叶节节菜 *Rotala rotundifolia*

一年生草本。高5～30 cm，常丛生。茎下部匍匐地上，生根。叶对生，圆形、阔倒卵形或阔椭圆形。花单生于苞片内，再密集成穗状花序顶生，花序长1～5 cm；花极小，长约2 mm，花瓣4枚，淡紫红色，倒卵形；雄蕊4枚。蒴果椭圆形，成熟时3～4瓣裂。

花果期11月至翌年6月。常见生于稻田、河谷林缘、湿地、溪边或沼泽地。分布于长江以南各省区。

木兰科
Magnoliaceae

夜香木兰 *Magnolia coco*

又名夜合花。常绿灌木或小乔木。高2～4 m。叶革质，椭圆形，狭椭圆形或倒卵状椭圆形；托叶痕达叶柄顶端。花梗向下弯垂，具3～4苞片脱落痕。花圆球形，直径3～4 cm，花被片9枚，倒卵形，外面的3片带绿色，有5条纵脉纹，内两轮纯白，心皮约10枚。聚合果长约3 cm；蓇葖近木质。

花期夏季，果期秋季，常见生于湿润肥沃土壤林下。花可提取香精；根皮可药用。分布于浙江、福建、台湾、广东、广西、云南等省区。

黄山木兰 *Magnolia cylindrica*

落叶乔木。高达10 m。树皮灰白色，老枝紫褐色，皮揉碎有辛辣香气。叶膜质，倒卵形至倒卵状长圆形；托叶痕为叶柄长的1/6～1/3。花先叶开放，直立；花蕾卵圆形，花被片9枚，外轮3片膜质，萼片状，中内两轮花瓣状，白色，基部常红色。聚合果圆柱形，下垂，初绿带紫红色后变暗紫黑色。

花期5—6月，果期8～9月。常见生于山地林间。花大美丽，可栽培供观赏。分布于安徽、浙江、江西、福建、湖北西南等省。

厚朴 *Magnolia officinalis*

落叶乔木。高达15 m。树皮不开裂，小枝粗壮。叶革质，7～9枚聚生于枝端，倒卵形或倒卵状椭圆形，顶端圆钝，基部楔形或圆形。花两性，与叶同时开放，大而美丽，单生于幼枝顶端，白色，芳香；花被片9～12枚，厚肉质，外轮3片盛开时常反卷。聚合果长圆形或卵形；蓇葖木质。

花期3—6月；果期8—10月。常见生于山坡林地中。厚朴为常用中药，也是优良的观赏树种。分布于长江流域各省及陕西、甘肃等省。

红花木莲 *Manglietia insignis*

常绿乔木。高达30 m。叶革质，倒披针形或长圆状椭圆形，长

10～26 cm，宽4～10 cm，顶端尾状渐尖，叶柄长1.8～3.5 cm；托叶痕长0.5～1.2 cm。花单生枝顶，芳香，花被片9～12枚，外轮3片褐色，腹面紫红色，内轮6～9片，淡红色，花被基部渐狭成爪。聚合果卵状长圆形，熟时紫红色。

花期5—6月，果期8—9月。生于海拔900～1 200 m的林间。花大美丽，可栽培供观赏；木材可制家具。分布于湖南、广西、四川、贵州、云南、西藏等省区。

乐昌含笑

Michelia chapensis

乔木。高 15～30 m，胸径 1 m，树皮灰色至深褐色。单叶互生，叶薄革质，倒卵形，狭倒卵形或长圆状倒卵形，叶柄长 1.5～2.5 cm，无托叶痕。花两性，芳香；花被片淡黄色，6 片，2 轮，外轮倒卵状椭圆形，内轮较狭。聚合果长约 10 cm，蓇葖长圆体形或卵圆形；种子红色。

花期 3—4 月，果期 8—9 月。常见生于海拔 500～1 500 m 的山地林间。木材可制作家具。分布于江西、湖南、广东、广西等省区。

亮叶含笑 *Michelia fulgens*

常绿乔木。高达 25 m。单叶互生，革质，狭卵形、披针形或狭椭圆状卵形。花单生于叶腋，花两性，芳香；花被片 9～12 枚，淡黄色，3 轮，每轮 3～4 片。聚合果长 7～10 cm；蓇葖长圆体形或倒卵圆形，种子红色，扁球形或扁卵圆形。

花期 3—4 月，果期 9—10 月。生于海拔 1 300～1 700 m 的山坡、山谷密林中。树形优美，花芳香，可栽培供观赏。分布于广东、海南、广西、云南等省区。

深山含笑 *Michelia maudiae*

常绿乔木。高达20 m。树皮薄，浅灰或灰褐色。单叶互生，革质，长圆状椭圆形或倒卵状椭圆形。花单生于叶腋，花被片9片，芳香，白色，外轮花被倒卵形，内两轮渐狭小，近匙形。聚合果长10～12 cm，蓇葖长圆形或倒卵形，种子斜卵形，红色。

花期2—3月，果期9—10月。常见生于海拔600～1 500 m的密林中。花可提取芳香油；木材可制作家具；也可栽培供观赏。分布于浙江、湖南、福建、广东、广西和贵州等省区。

野含笑 *Michelia skinneriana*

常绿乔木。高可达15 m。单叶互生，革质，狭倒卵状椭圆形、倒披针形或狭椭圆形，先端长尾状渐尖，基部楔形。花淡黄色，芳香；花被片6枚，倒卵形，外轮3片基部被褐色毛。聚合果长4～7 cm，蓇葖黑色，球形或长圆体形，具短尖的喙。

花期4—6月，果期8—9月。常见生于山谷、山坡、溪边密林中。分布于浙江、江西、福建、湖南、广东、广西等省区。

鹅掌楸 *Liriodendron chinense*

落叶乔木。高达40 m。树皮灰白色，块状纵裂脱落。叶互生，马褂状，近基部每边具1侧裂片。花单生枝顶，与叶同时开放，花两性，杯状，直径4～6 cm，淡绿色，内面近基部淡黄色；花被片9片，外轮3片绿色，内两轮6片，绿色具黄色纵条纹；雄蕊群超出花被之上。聚合果纺锤形，长7～9 cm，有种子1～2颗。

花期5月，果期9—10月，常见生于海拔900～1 000 m的山地林中。鹅掌楸又名马褂木，分布于长江以南各省区。

披针叶茴香 *Illicium lanceolatum*

又名红毒茴、莽草。常绿灌木或小乔木。高3～10 m。枝条纤细，树皮浅灰色至灰褐色。单叶互生，常在小枝近顶端簇生或假轮生，革质，披针形、倒披针形或倒卵状椭圆形，先端尾尖或渐尖，基部窄楔形。花腋生或近顶生；花被片10～15，红色，肉质；雄蕊6～11枚；心皮10～14枚。果梗纤细，蓇葖10～14枚轮状排列，顶端有钩状尖头。

花期4—6月，果期8—10月。常见生于混交林、疏林或灌丛中。果和叶有强烈香气，可提芳香油；果实有毒。分布于长江以南各省区。

磨盘草 *Abutilon indicum*

锦葵科
Malvaceae

亚灌木状草本。高1～2.5 m。分枝多，全株被灰色短柔毛。叶阔卵形或卵圆形，先端短尖或渐尖，基部心形，边缘具不规则锯齿。花黄色，单生于叶腋，花瓣5枚；雄蕊多数，合生成雄蕊柱，上部花丝分离。蒴果磨盘状，直径约2 cm，顶部截平；分果爿15～20片，分果爿先端具短喙。

花期7—10月，常见生于旷野、山坡、路旁或海边。茎皮可作麻类的代用品；全株可药用。分布于西南和华南各省区。

黄槿 *Hibiscus tiliaceus*

常绿灌木或小乔木。高4～10 m，有时枝条呈攀援状。叶互生，革质，近圆形，直径8～15 cm，顶端急尖，基部心形。花单朵腋生或数朵排成总状花序；花冠钟形，直径6～7 cm，花瓣5枚，

黄色，内面基部暗紫色；雄蕊合生成雄蕊柱。蒴果卵圆形或近球形，具短喙，开裂成5果爿，种子肾形。

花期6—10月。常见生于海岸边，耐盐性强，可作海岸防风、防沙、防潮的树种，也可栽培供观赏。分布于广东、广西、福建和台湾等省区。

野西瓜苗

Hibiscus trionum

又名小秋葵、山西瓜秧。一年生直立或平卧草本。高30～60 cm；茎柔软，具白色星状粗毛。叶二型，下部的叶圆形，不分裂，上部的叶掌状3～5深裂，中裂片较长，两侧裂片较短，裂片倒卵形至长圆形，通常羽状全裂。花单生于叶腋，小苞片12片，线形；花冠淡黄色，中央紫色，直径约2～3 cm，花瓣5枚，倒卵形。蒴果长圆状球形，直径约1 cm，被粗硬毛，果5片。

花期7—10月，为常见的田间杂草。分布于全国各地。

赛葵 *Malvastrum coromandelianum*

多年生亚灌木状草本。直立。高0.3～1 m。叶卵状披针形或卵形，叶缘具不规则的锯齿。花单生于叶腋，有时排成顶生的短总状花序；花冠黄色，直径约1.5 cm，花瓣5枚，倒卵形。果扁球形，直径约6 mm，分果爿8～12，肾形，具2芒刺。

花果期几乎全年，常见生于干热草坡。全株可药用，原产于美洲，在我国已归化，分布于福建、台湾、广东、广西和云南等省区。

心叶黄花稔 *Sida cordifolia*

直立亚灌木。高0.3～1 m；全株密被柔毛。叶卵形，先端钝或尖，基部浅心形，边缘具钝齿；托叶线形。花单朵腋生或簇生于枝端；花萼钟状，裂片5枚，三角形；花黄色，直径约1.5 cm，花瓣长圆形。蒴果直径6～8 mm，分果爿10片，顶端具2长芒；种子肾形，顶端具短毛。

花期全年。常见生于荒地、草坡或滨海沙地上。分布于四川、云南、广西、广东、福建和台湾等省区。

地桃花 *Urena lobata*

又名肖梵天花。直立亚灌木状草本。高达1 m，分枝多。叶通常阔卵形、浅心形或圆形，3～5裂，叶两面均被毛。花单朵腋生或数朵簇生于叶腋；副萼杯状，裂片5枚，三角形；花冠粉红色，辐状，直径约1.5 cm，花瓣5。蒴果扁球形，分果爿5片，被星状短柔毛和锚状刺。

花期7—10月。常见生于草坡、疏林下或空旷地。茎皮为麻类的代用品；根可药用。分布于长江以南各省区。

野牡丹科
Melastomataceae

野牡丹 *Melastoma candidum*

又名大金香炉。常绿灌木。多分枝，高0.5～1.5 m。茎四棱形或近圆形，通常密被鳞片状糙伏毛。叶对生，厚纸质，卵形或宽卵形，叶两面被粗毛，全缘，基出脉7条。伞房花序生分枝顶，有花3～5朵，花直径4～6 cm；花瓣5枚，粉红色或紫红色；雄蕊10枚，5长5短，长者带紫色，花药披针形，弯曲。蒴果坛状球形，密被鳞片状粗毛。

花期5—7月，果期10—12月。常见生于山坡松林下或灌丛中。可栽培供观赏；根叶可药用。分布于云南、广西、广东、福建和台湾等省区。

地菍 *Melastoma dodecandrum*

匍匐状亚灌木。高10～30 cm；茎匍匐上升，基部节上生不定根，分枝多。叶对生，厚纸质，卵形或椭圆形，全缘或具细密齿，基出脉3～5条。聚伞花序顶生，有花1～3朵，粉红色至紫红色，直径

2～3 cm；雄蕊10枚，5长5短。蒴果坛状球形，成熟时紫褐色。

花期4—7月，果期7—9月。常见生于山坡草丛或低湿地。全株可药用，果可食用，亦可酿酒，亦可作地被植物。分布于贵州、湖南、广西、广东、江西、福建和浙江等省区。

毛菍 *Melastoma sanguineum*

大灌木。高1.5～3 m，茎、枝、花梗及花萼均被平展的长粗毛。叶对生，卵状披针形至披针形，顶端长渐尖，基部圆形或钝，基出脉5条。伞房花序顶生，有花1～3朵，花冠粉红色或紫红色，直径可达7～10 cm，花瓣5～7枚；雄蕊10枚，5长5短。果杯状球形，密被红色长硬毛。

花果期几乎全年，主要在8—10月。常见生于坡脚、沟边、湿润的草丛或矮灌丛中。果可食；根、叶可药用；亦可栽培供观赏。分布于广东和广西等省区。

尖子木 *Oxyspora paniculata*

灌木。高1～2 m。茎四棱形，具槽。单叶对生，坚纸质，卵形或近椭圆形，顶端渐尖，基部圆形或浅心形，边缘具细齿，基出脉7条。由聚伞花序组成顶生的圆锥花序；花瓣4枚，粉红色至红色或深玫红色，卵形；雄蕊8枚，4长4短。蒴果倒卵形，顶端伸出胎座轴；种子近三角状披针形，有棱。

花期7—9月，果期1—3月，常见生于林下或灌木丛中湿润处。全株可药用，分布于广西、云南、贵州和西藏等省区。

楝科
Meliaceae

楝 *Melia azedarach*

又名苦楝。落叶乔木。株高可达10 m。2～3回奇数羽状复叶，小叶对生，卵形、椭圆形至披针形，先端短渐尖，基部楔形或宽楔形。由多个二歧聚伞花序组成圆锥花序，腋生；花芳香，花瓣淡紫色，倒卵状匙形，雄蕊管紫色。核果球形至椭圆形。

花期4—5月，果期10—12月。常见生于低海拔的疏林、旷野及路边。栽培广泛，可材用或药用。分布于我国黄河以南各省区。

苦槛蓝科
Myoporaceae

苦槛蓝 *Myoporum bontioides*

又名海菊花。常绿灌木。高1～2 m。茎直立，多分枝。单叶互生，无毛；叶片革质，狭椭圆形、椭圆形至倒披针状椭圆形，先端常具小尖头。单花或2～4朵排成聚伞花序，腋生；花冠漏斗状钟形，冠檐5裂，白色，有紫色斑点，直径约3厘米。核果卵球形，熟时紫红色。

花期4～6月，果期5～7月。常见生于海滨潮汐带以上沙地或多石地灌丛中。根可药用。分布于浙江、福建、台湾、广东、广西、海南等省区。

紫金牛科
Myrsinaceae

蜡烛果 *Aegiceras corniculatum*

又名桐花树。灌木或小乔木。高1.5～4 m，分枝多。叶互生，在枝顶近对生，叶片革质，倒卵形或椭圆形，顶端圆形或微凹，基部楔形，两面密布小窝点。伞形花序有花10余朵，花冠钟形，白色，裂片卵形，呈覆瓦状排列，开花时反折。蒴果圆柱形，呈新月状弯曲，宿存花萼紧包果基部。

花期12月至翌年2月，果期10—12月。常见生于沿海潮水涨落的污泥滩上，为红树林组成树种之一。分布于福建、广东、广西等省区。

百两金 *Ardisia crispa*

又名地杨梅、珍珠伞。灌木。高60～150 cm，具匍匐生根的根茎。叶膜质或坚纸质，椭圆状披针形或狭长圆状披针形，先端渐尖，基部楔形。近伞形花序单生于侧生特殊花枝顶端；花两性，花冠白色或粉红色，裂片卵形，具腺点。浆果核果状，球形，鲜红色，具腺点。

花期5—6月，果期9—12月。常见生于山谷或山坡、疏林下。根、叶可药用。分布于长江以南各省区。

鲫鱼胆 *Maesa perlarius*

又名空心花、冷饭果。小灌木。高1~3 m，分枝多。叶纸质，广椭圆状卵形至椭圆形，顶端急尖或突然渐尖，基部楔形，边缘具粗锯齿。总状花序或圆锥花序，腋生，长2~4 cm，具2~3分枝（为圆锥花序时）；花两性或杂性；花冠白色，钟形；雄蕊在雌花中退化，在雄花

中着生于花冠管上部，内藏。果球形，直径约3 mm，具宿存花柱。

花期3—4月，果期12月至翌年5月。常见生于山坡、路边的疏林或灌丛中，全株可药用。分布于四川、贵州、广西、广东、福建和台湾等省区。

桃金娘科
Myrtaceae

岗松 *Baeckea frutescens*

灌木，有时为小乔木。小枝纤细，多分枝，密集。叶小，狭线形或线形，有油腺点。花单生于叶腋内，白色；萼管钟状，萼齿5枚；花瓣5枚，圆形，分离；雄蕊10枚或稍少，成对与萼齿对生；花柱短，宿存。蒴果长约2 mm；种子扁平，有角。

花期夏秋。常见生于低丘及荒山草坡与灌丛中。枝叶含芳香油，也可供药用。分布于江西、福建、广东、广西等省区。

桃金娘 *Rhodomyrtus tomentosa*

又名岗稔。常绿灌木。高1～2 m。叶对生，革质，叶片椭圆形或倒卵形，离基三出脉。花有长花柄，常单生或数朵集生；花萼革质，宿存；花冠紫红色，直径2～4 cm；花瓣5枚，倒卵形；雄蕊多数，分离。浆果卵状壶形，成熟时紫黑色。

花期4—5月。常见生于丘陵坡地、草坡或荒地。果熟可食；根可药用；也可栽培供观赏。分布于云南、贵州、湖南、广西、广东、福建和台湾等省区。

蒲桃 *Syzygium jambos*

常绿乔木。高达10 m，主干短，分枝广。叶对生，革质，长椭圆形状披针形，先端渐尖，基部阔楔形，叶面多腺点。聚伞花序顶生，花淡白绿色，直径3～4 cm，花瓣5枚，阔卵形，分离；雄蕊多数，分离，约为花瓣的1.5～2倍长，花柱与雄蕊等长。浆果核果状，球形，直径3～5 cm，成熟时黄色，有油腺点。

花期3—4月，果期5—6月。常见生于河边及河谷湿地。果可食用，也栽培供观赏。分布于台湾、福建、广东、广西、贵州、云南等省区。

睡莲科
Nymphaeaceae

萍蓬草 *Nuphar pumilum*

又名黄金莲、萍蓬莲。多年生水生草本。根状茎肥厚，横生。叶漂浮或伸出水面，卵形或宽卵形；基部具弯缺，心形；叶柄长20~50 cm。花直径2~4 cm，花梗长40~50 cm；萼片黄色，花瓣状，椭圆形或矩圆形，宿存；花瓣多数，雄蕊状；雄蕊多数，比萼片短；柱头盘淡黄色或带红色。浆果卵形，长约3 cm。

花期5—7月，果期7—9月。常见生于湖沼中。根状茎可食用，也可药用。分布于东北、华东、华南各省区。

木犀科
Oleaceae

清香藤 *Jasminum lanceolarium*

又名北清香藤。大型攀援灌木。高5~15 m。叶对生或近对生，三出复叶，有时花序基部侧生小叶退化成线状而成单叶；小叶片椭圆形、卵形或披针形。复聚伞花序常排列呈圆锥状，顶生或腋生，花多而密集；花芳香，花冠白色，高脚碟状，花冠管纤细，裂片4~5枚。果球形或椭圆形。

花期4—10月，果期6月至翌年3月。常见生于山坡、灌丛、山谷密林中。茎可药用。分布于长江流域以南各省区以及台湾、陕西、甘肃等省。

小蜡 *Ligustrum sinense*

又名山指甲。落叶灌木或小乔木。高可达7 m。小枝圆柱形，幼时被柔毛。单叶对生，叶片纸质或薄革质，卵形、长圆状至披针形。圆锥花序顶生或腋生，塔形；花冠白色，芳香，4裂，裂片长圆状椭圆形，稍长于花冠管，外反。核果近球形，直径5～8 mm。

花期3—6月，果期9—12月。常见生于山坡、沟谷、溪边或林中。树皮和叶可药用；也可栽培供观赏。分布于长江中下游及以南各省区。

柳叶菜科

Onagraceae

毛草龙 *Ludwigia octovalvis*

多年生粗壮直立草本。有时亚灌木状，高50～200 cm，多分枝。叶披针形至线状披针形，先端尖，基部渐狭。花单生于叶腋；萼片4枚，卵形，花后宿存；花瓣4枚，黄色，倒卵状楔形；雄蕊8枚。蒴果圆柱状，具8条棱，绿色至紫红色。

花期6—8月，果期8—11月。生于田边、沟谷旁及开阔湿润处。全株可药用。分布于华东、华南各省区。

黄花水龙

Ludwigia peploides ssp. stipulacea

多年生水生草本。浮水茎长达3 m，节上常有圆柱状、白色的囊状浮器；直立茎高达60 cm。叶长圆形或倒卵状长圆形，先端常锐尖或渐尖，基部狭楔形。花单生于上部叶腋，花瓣金黄色，基部有深色斑点，倒卵形；雄蕊10，花柱黄色，柱头扁球状。蒴果具10条纵棱。

花期6—8月，果期8—10月。常见生于池塘、水边湿地和运河。分布于浙江、福建和广东等省。

兰 科

Orchidaceae

竹叶兰

Arundina graminifolia

地生兰。植株高40~80 cm，具短的根状茎。茎直立，常数个丛生，圆柱形，细竹杆状。叶禾叶状，基部具抱茎的鞘，有关节。花序顶生，长2~8 cm，具2~10朵花，但每次仅开一朵；花大，粉红色或略带白色或紫色，唇瓣3裂。蒴果近长圆形。

花果期秋冬季。常见生于林下、溪谷旁或草坡、灌丛中。花大美丽，可栽培供观赏；全株可药用。分布于长江以南各省区及西藏自治区。

白及 *Bletilla striata*

地生兰。高18～60 cm，假鳞茎不规则块状。叶4～6枚，披针形或狭长圆形。总状花序疏生少数花；花大，紫红色、淡红色或白色，萼片和花瓣近等长，狭矩圆形；唇瓣3裂，白色带淡红色具紫脉，从基部至中裂片有5条褶片，褶片仅在中裂片上为波状。

花期4—6月。常见生于山坡林缘、溪边草丛或多石地。鳞茎可药用；也可栽培供观赏。分布于陕西、甘肃等省及长江中下游及以南各省区。

虾脊兰 *Calanthe discolor*

地生兰。假鳞茎粗短，近圆锥形，具3～4枚鞘和3枚叶。叶倒卵状长圆形至椭圆状长圆形，长达25 cm，宽4～9 cm，先端急尖或锐尖。花葶从假鳞茎上端的叶间抽出，高18～30 cm，总状花序疏生约10朵花；萼片和花瓣紫褐色，唇瓣白色。

花期4—5月。常见生于海拔780～1 500 m的常绿阔叶林下。分布于江苏、浙江、福建、湖北、广东和贵州等省区。

钩距虾脊兰 *Calanthe graciliflora*

又名纤花根节兰、细花根节兰。地生兰，根状茎不明显。假鳞茎短，近卵球形。叶椭圆形或椭圆状披针形，长达33 cm，顶端急尖，基部收狭成柄。花葶自假茎上端的叶丛中发出，直立，长达70 cm；总状花序疏生多数花；萼片和花瓣内面淡黄色，背面褐色，唇瓣3裂，白色。

花期3—5月。常见生于海拔600～1 500 m的山谷溪边、林下等阴湿处。分布于长江以南各省区。

三棱虾脊兰 *Calanthe tricarinata*

地生兰。假鳞茎近圆球形。叶3～4枚，薄革质，椭圆形或倒卵状披针形。花葶常高出叶，总状花序长3～10 cm，疏生少数至多数花；花浅黄绿色，唇瓣红褐色，基部上方3裂；侧裂片小，耳状，中裂较大，肾形，边缘皱波状；唇盘具3～5条鸡冠状的褶片。

花期4—6月。常见生于海拔1 000～3 500 m的山坡林下。分布于云南、四川、贵州、西藏、湖北、陕西和台湾等省区。

金兰 *Cephalanthera falcata*

地生兰。高20～50 cm。茎直立，下部具3～5枚鞘。叶互生，椭圆形、椭圆状披针形至卵状披针形，基部抱茎。总状花序顶生，长3～8 cm，通常有5～10朵花；花黄色，直立，稍微张开；萼片菱状椭圆形；唇瓣3裂，基部有距。蒴果狭椭圆状。

花期4—5月，果期8—9月。常见生于海拔700～1 600 m的林下、灌丛中、草地上或沟谷旁。分布于长江以南各省区。

杜鹃兰 *Cremastra appendiculata*

地生兰。地下具根状茎与假鳞茎。叶通常1枚，生于假鳞茎顶端，狭椭圆形。花葶近直立，长27～70 cm，总状花序具5～22朵花，花常偏向花序一侧，下垂，不完全开放，有香气，狭钟形，淡紫褐色。蒴果近椭圆形，下垂。

花期5—6月，果期9—12月。常见生于海拔500～2 900 m的林下湿地或沟边湿地上。分布于长江以南各省区及山西、陕西、甘肃、河南、西藏等省区。

兔耳兰 *Cymbidium lancifolium*

半附生草本。假鳞茎近扁圆柱形或狭梭形，具节，顶端聚生2~4枚叶。叶倒披针状长圆形至狭椭圆形，先端渐尖，上部边缘有细齿，基部收狭为柄。花葶从假鳞茎下部侧面节上发出，直立，长8~20 cm；总状花序具2~6

朵花；花白色至淡绿色，花瓣上有紫栗色中脉，唇瓣上有紫栗色斑。蒴果狭椭圆形。

花期5—8月。常见生于山地林下、溪谷旁的岩石上、树上或溪边湿地。分布于长江以南各省区和西藏自治区。

扇脉杓兰 *Cypripedium japonicum*

地生兰。植株高35~55 cm，具细长的横走的根状茎。茎基部具数枚鞘，顶端生叶。叶近对生，通常2枚，叶片扇形，具扇形辐射状脉直达边缘。花序顶生，具1花；花苞片叶状，菱形或卵状披针形；花俯垂，萼片和花瓣淡黄绿色，基部有紫色斑点，唇瓣下垂，囊状，淡黄绿色至淡紫白色，有紫红色斑点和条纹。蒴果近纺锤形。

花期4—5月，果期6—10月。常见生于海拔1 000~2 000 m的林下、林缘、溪谷旁、阴蔽山坡。分布于华东、华中和西南各省区。

细叶石斛
Dendrobium hancockii

附生兰。茎丛生，圆柱形或数个节间膨大成纺锤形，高达80 cm。叶互生，3～6枚，叶片狭长圆形，先端钝并且不等侧2裂，基部具革质鞘。总状花序长1～2.5 cm，具1～2朵花；花金黄色，仅唇瓣侧裂片内侧具少数红色条纹，唇盘通常浅绿色。

花期5—6月。常见生于海拔700～1 500 m的林中树干上或山谷岩石上。分布于华中、华南和西南各省区。

美花石斛
Dendrobium loddigesii

附生兰。茎细圆柱形，柔弱，常下垂，具多节。叶纸质，二列，互生于整个茎上，叶片舌形或长圆状披针形，先端锐尖而稍钩转，基部具鞘。花白色或紫红色，每束1～2朵侧生于具叶的老茎上部；唇瓣近圆形，中央金黄色，周边淡紫红色，边缘具短流苏。

花期4—5月。常见生于海拔400～1 500 m的山地林中树干上或林下岩石上。栽培供观赏。分布于华南和西南各省区。

石斛 *Dendrobium nobile*

　　石斛又名金钗石斛、附生兰。茎直立，稍扁的圆柱形，肥厚，不分枝，具多节，节有时稍肿大。叶革质，长圆形，先端钝并且不等侧2裂，基部具抱茎的鞘。总状花序从老茎中部以上部分发出，具1～4朵花；花大，白色带淡紫色先端，有时全体淡紫红色或除唇盘上具1个紫红色斑块外，其余均为白色。

　　花期4—5月。常见生于海拔480～1 700 m的林中树干上或山谷岩石上。可栽培供观赏。分布于西南和华南各省区。

美冠兰 *Eulophia graminea*

　　地生兰。假鳞茎卵球形、圆锥形、长圆形或近球形，直径2～4 cm。叶3～5枚，在花全部凋萎后出现，线形或线状披针形；叶柄套叠而成短的假茎，外有数枚鞘。花葶从假鳞茎一侧节上发出，高43～65 cm；总状花序直立，长20～40 cm；花橄榄绿色，唇瓣白色而具淡紫红色褶片；唇盘上有3～5条纵褶片。

　　花期4—5月。常见生于草地上、山坡阳处、海边沙滩林中。分布于西南、华南各省区及安徽、台湾等省。

橙黄玉凤花 *Habenaria rhodocheila*

地生兰。植株高8～35 cm，块茎长圆形，肉质。茎直立，圆柱形，下部具4～6枚叶，向上具1～3枚苞片状小叶。叶片线状披针形至近长圆形，先端渐尖，基部抱茎。总状花序疏生2～10余朵花，长3～8 cm；花橙黄色，萼片和花瓣绿色，中萼片与花瓣靠合呈兜状；距细圆筒状，下垂。蒴果纺锤形，先端具喙。

花期7—8月，果期10—11月。常见生于山坡或沟谷林下阴处或岩石上。分布于江西、福建、湖南、广东、广西、海南、贵州等省区。

见血青 *Liparis nervosa*

地生兰。茎（或假鳞茎）圆柱状，肥厚，肉质，有数节，通常包藏于叶鞘之内，叶2～5枚，卵形至卵状椭圆形，膜质或草质，先端近渐尖，全缘，大部分抱茎。花葶发自茎顶端，长10～25 cm；总状花序通常具数朵至10余朵花；花紫色。蒴果倒卵状长圆形或狭椭圆形。

花期2—7月，果期10月。常见生于林下湿润处、溪谷旁。分布于长江以南各省区和西藏自治区。

鹤顶兰 *Phaius tankervilleae*

地生兰。植株高大，假鳞茎圆锥形。叶2～6枚互生于假鳞茎上部，长圆状披针形，长70 cm，宽10 cm。花茎从假鳞茎基部或叶腋中发出，长达1 m以上；总状花序有花数朵；花大，直径7～10 cm，美丽；萼片背面白色，内面棕色或暗褐色；唇瓣大，卷成喇叭状；距长约1 cm。

花期3—4月。鹤顶兰花大美丽，可栽培供观赏。常见生于沟谷、溪边或林缘。分布于福建、台湾、广东、广西、海南、云南和西藏等省区。

华西蝶兰 *Phalaenopsis wilsonii*

又名小蝶兰、附生兰。气生根发达，簇生，长而弯曲。茎短，被叶鞘所包，具4～5枚叶。叶肉质，长圆形或近椭圆形。花序侧生于茎的基部，疏生2～5朵花；萼片和花瓣淡粉红色或白色带粉红色的中肋，唇瓣3裂。

花期4—7月。常见生于疏林中树干上或林下阴湿的岩石上。分布于广西、贵州、四川、云南和西藏等省区。

石仙桃 *Pholidota chinensis*

附生兰。根状茎较粗壮，匍匐，具较密的节和较多的根，假鳞茎狭卵状长圆形，生于根状茎上，顶端具叶2枚，叶片倒披针状椭圆形至近长圆形。花葶生于幼嫩假鳞茎顶端；总状花序多少外弯，具20余朵花，花2列；花序轴曲折；花白色或淡黄色，芳香；唇瓣近宽卵形，浅3裂，基部常凹陷成囊状。蒴果倒卵状椭圆形，具6棱。

花期4—5月，果期9月至翌年1月。常见生于林中或林缘树上、岩壁上或岩石上，分布于浙江、福建、广东、海南、广西、贵州、云南和西藏等省区。

台湾独蒜兰 *Pleione formosana*

半附生或附生草本。假鳞茎卵形，顶端具1枚叶。叶纸质，椭圆形或倒披针形。花葶自无叶的老假鳞茎基部抽出，基部具鞘，顶端通常具1花，稀为2花；花大，美丽，白色至粉红色，唇瓣颜色较花瓣和萼片淡，唇瓣不明显3裂，具2~5条褶片。蒴果纺锤状，具3条纵棱。

花期3—4月。常见生于林下或岩石上。分布于浙江、江西、福建、台湾等省区。

苞舌兰 *Spathoglottis pubescens*

地生兰。具扁球形的假鳞茎，顶生1～3枚叶。叶带状或狭披针形，长达43 cm，宽1～5 cm。花葶长达50 cm，密布柔毛，下部被数枚筒状鞘；总状花序长2～9 cm，疏生2～8朵花；花黄色，唇瓣3裂，侧裂片直立，两侧裂片之间凹陷而呈囊状；唇盘上具3条纵向的龙骨脊。

花期7—10月。常见生于山坡草丛中或疏林下。分布于长江以南各省区。

带唇兰 *Tainia dunnii*

地生兰。假鳞茎肉质，圆柱形，暗紫色，被膜质鞘，顶生1枚叶。叶片椭圆状披针形。花葶侧生于假鳞茎基部，直立，纤细，长30～60 cm，具3枚筒状膜质鞘；总状花序长达20 cm，疏生多数花；花黄褐色或棕紫色；唇瓣近圆形，具3条褶片，前端3裂；侧裂片淡黄色，具许多黑紫色斑点；蕊柱纤细，向前弯曲。

花期通常3—4月。常见生于林下潮湿处或水沟边。分布于长江以南各省区。

列当科
Orobanchaceae

野菰

Aeginetia indica

一年生寄生草本。高15～50 cm。茎黄褐色或紫红色。叶肉红色，卵状披针形或披针形。花常单生茎端，稍俯垂；花冠钟状，带黏液，紫红色、黄色或黄白色，干时变黑色，长4～6 cm，顶端5浅裂。蒴果圆锥状或长卵球形，长约2～3 cm。

花期4—8月，果期8—10月。常见生于土层深厚、湿润及枯叶多的地方，常寄生于芒属和蔗属等禾草类植物根上。根和花可药用。分布于长江以南各省区。

酢浆草科
Oxalidaceae

山酢浆草

Oxalis acetosella ssp. *griffithii*

多年生草本。高8～10 cm。根纤细，根茎横生，节间具小鳞片和不定根。叶基生，小叶3，倒三角形或宽倒三角形。总花梗基生，单花，花粉红色，具白色或带紫红色脉纹，花瓣5枚，倒卵形，先端凹；雄蕊10枚，花柱5枚，柱头头状。蒴果椭圆形或近球形，具纵肋。

花期4—5月。常见生于海拔800～3 000 m的密林、灌丛和沟谷等阴湿处。分布于华东、华中、西南各省区及陕西、甘肃等省。

罂粟科
Papaveraceae

白屈菜 *Chelidonium majus*

又名土黄连、断肠草。多年生草本。高30～100 cm，植株具黄色汁液。主根圆锥形；茎聚伞状多分枝。基生叶早凋落，茎生叶互生，倒卵状长圆形或宽倒卵形，羽状全裂，全裂片2～4对，具不规则的深裂或浅裂。伞形花序腋生，花瓣4枚，黄色，花瓣倒卵形，长约1 cm。蒴果狭圆柱形，长2～4 cm。

花果期4—9月。常见生于山坡、林缘草地或路旁。全株有毒，可药用。分布于我国大部省区。

北越紫堇 *Corydalis balansae*

又名台湾黄堇。一年或二年生草本。高约50 cm，具主根。茎多枝，具棱。叶为阔卵叶，薄纸质，二回羽状全裂，小叶裂片倒卵形或卵形。总状花序与叶对生，多花而疏离；花长1.2～2 cm，黄色至黄白色；花瓣4枚，外花瓣具浅鸡冠状突起，距短囊状。蒴果线状长圆形，约长3 cm。

花果期3—7月。常见生于山谷林下或沟边湿地。全株可药用。分布于长江以南各省区以及台湾省。

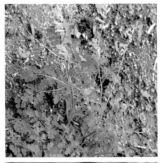

珠芽地锦苗 *Corydalis sheareri* f. *bulbillifera*

多年生草本。高15~40cm。主根明显，具多数纤维根；根茎粗壮。茎多汁液，上部具分枝。叶薄纸质，二回羽状全裂，叶片轮廓三角形或卵状三角形；茎上部叶腋具易脱落的珠芽。总状花序长4~10cm，有花10~20朵；花瓣粉红色或紫红色，花冠连距长约2.5cm；距圆锥形，末端极尖，长为花瓣片的1.5倍。蒴果狭圆柱形。

花果期3—6月。常见生于林下、沟边、草丛或路旁。分布于浙江、江西、湖南、广东、广西等省区。

紫堇 *Corydalis edulis*

一年生草本。具细长的直根。茎高10~30cm。叶基生并茎生，具细齿；叶片轮廓三角形，二或三回羽状全裂，一回裂片2~3对，二回三回裂片轮廓倒卵形，近羽状分裂，末回裂片狭卵形，顶端钝。总状花序长3~10cm；花紫色，距长5mm，末端稍向下弯曲。蒴果条形，长约3cm；种子黑色，扁球形。

花期3—4月。常见生于丘陵、沟边或多石地。分布于华北、华中、华东、西南各省区。

刻叶紫堇 *Corydalis incisa*

又名地锦苗、断肠草。直立草本。高15～60 cm。根茎短而肥厚，具束生的须根。叶柄基部具鞘，二回三出复叶，羽片菱形或宽楔形，3深裂，裂片具缺刻状齿。总状花序有多花；花紫红色或紫色，偶有淡蓝色或白色；花冠两侧对称，花瓣4枚，上花瓣顶端具鸡冠状突起，后部成圆筒形距，下花瓣基部常具小距或浅囊；内花瓣顶端深紫色；柱头近扁四方形。蒴果线形至长圆形。

花期3—4月，果期4月。常见生于疏林、林缘和路边。全株可药用。主要分布于长江以南各省区。

血水草 *Eomecon chionantha*

多年生草本。高30～60 cm。植株具红橙色汁液。根和根茎匍匐，黄色。叶基生；叶柄长10～30 cm，基部具窄鞘；叶片卵圆状心形或圆心形，先端急尖，基部耳垂状，表面绿色，背面灰绿色，有白粉，掌状脉5～7条，边缘呈波状。花葶高20～40 cm，有花3～5朵，排列成伞房状聚伞花序；花瓣4枚，白色，倒卵形。蒴果长椭圆形。

花期3—6月，果期5—7月。常见生于海拔1 400～1 800 m的林下、灌丛下或溪边、路旁。全株可药用，分布于长江以南各省区。

博落回 *Macleaya cordata*

又名号筒草。多年生直立草本。高1～4 m，基部木质化，具乳黄色浆汁。茎圆柱形中空，具白粉，中空。叶片宽卵形或近圆形，通常7或9裂，边缘波状至具细齿，表面绿色，无毛，背面多白粉，基出脉通常5条。花于茎和枝顶排成大型的圆锥花序，长15～40 cm；花无花瓣；雄蕊24～30枚，花丝丝状，柱头2裂。蒴果狭倒卵形或倒披针形。

花果期6—11月。常见生于丘陵、林中、灌丛中或草丛间。全草有大毒，不可内服，但可药用或作农药，分布于长江以南各省区。

商陆科
Phytolaccaceae

垂序商陆 *Phytolacca americana*

又名美洲商陆。多年生草本。高1～2 m。肉质根肥大，倒圆锥形。茎直立，有时带紫红色。叶纸质，椭圆状卵形或卵状披针形，顶端急尖，基部楔形。总状花序顶生或侧生，长5～20 cm；花两性，白色，直径约6 mm；花被片5枚，辐射对称；雄蕊、心皮及花柱通常为10枚，心皮合生。果序下垂，浆果扁球形，成熟时紫黑色。

花期6—8月，果期8—10月，生于林缘、路旁及村旁。根、种子和叶可药用。原产美洲，我国引入栽培，后逸为野生。常见于南方各省区。

海桐花科

Pittosporaceae

光叶海桐 *Pittosporum glabratum*

常绿灌木。高2～3 m。叶薄革质，聚生于枝顶，二年生，窄矩圆形或倒披针形，先端尖，基部楔形。伞形花序1～4枝簇生于枝顶叶腋，多花；花淡黄色，花瓣5枚，分离，倒披针形；雄蕊5枚，心皮2～3个，花柱短，宿存。蒴果椭圆形，有时为长筒形；种子红色。

花期4—5月。常见生于次生疏林及山地常绿林中。根叶可药用。分布于湖南、广东、广西、贵州等省区。

远志科

Polygalaceae

黄花倒水莲 *Polygala fallax*

又名假黄花远志。灌木或小乔木。高1～3 m。多分枝，枝灰绿色，密被长而平展的短柔毛。叶互生，膜质，披针形至椭圆状披针形。总状花序顶生或腋生，长10～15 cm，直立，花后延长达30 cm，下垂；花瓣黄色，3枚，侧生花瓣长圆形，2/3以上与龙骨瓣合生，鸡冠状附属物具柄，流苏状。蒴果阔倒心形至圆形，绿黄色。

花期5—8月，果期8—10月。常见生于山谷林下水旁阴湿处。根可药用。分布于江西、福建、湖南、广东、广西和云南等省区。

蓼 科
Polygonaceae

金线草
Antenoron filiforme

多年生草本。茎直立，高50～80 cm，有纵沟，节部膨大。叶椭圆形或长椭圆形，顶端短渐尖或急尖，全缘；托叶鞘筒状，膜质。总状花序呈穗状，通常数个，顶生或腋生；花被4深裂，红色，花被片卵形。瘦果卵形，双凸镜状，包于宿存花被内。

花期7—8月，果期9—10月。常见生于山坡林缘、山谷路旁。分布于陕西、甘肃、华东、华中、华南及西南各省区。

金荞麦 *Fagopyrum dibotrys*

又名苦荞头。多年生草本。高50～140 cm。根状茎木质化，黑褐色。茎直立，具纵棱，中空。叶三角形或三角状卵形，顶端渐尖，基部近戟形，两面具乳头状突起或被柔毛；托叶鞘筒状，膜质。伞房状花序顶生或腋生；苞片卵状披针形，每苞内具2～4枚花；花白色，5裂。瘦果宽卵形，具3棱，超出宿存花被2～3倍。

花期7—10月，果期8—10月。常见生于山谷湿地、山坡灌丛。块根可药用。分布于华东、华中、华南、西南各省区及陕西省。

头花蓼 *Polygonum capitatum*

又名草石椒。多年生草本。茎匍匐，丛生，节上生根。叶互生，革质，阔卵形或椭圆形；托叶短鞘状。花密集成球形或卵形的头状花序，单生或成对生于枝顶，直径6～12 mm；花淡红色，裂片5枚，椭圆形。瘦果长卵形，具3棱，包于宿存花被内。

花期6—9月，果期8—10月。生于山坡或山谷湿地，常成片生长。全株可药用；也可栽培供观赏。分布于云南、四川、西藏、广西、广东、湖南和江西等省区。

火炭母 *Polygonum chinense*

多年生草本或亚灌木。高达1m。茎直立，具纵棱，多分枝。叶互生，薄革质，卵形或长卵形，顶端渐尖，基部截平，全缘或有极小的齿，常具蓝紫色斑点；托叶鞘状。总状花序缩短成近头状，再排成二歧聚伞花序，腋生或顶生；花白色或淡红色，裂片5枚，卵形。瘦果宽卵形，具3棱，包于富含液汁的白色透明的花萼内。

花期7—9月，果期8—10月。生于沟边、山坡草地或山谷湿地。根状茎可药用。分布于华东、华中、华南、西南各省区及陕西、甘肃等省。

水蓼 *Polygonum hydropiper*

又名辣蓼。一年生草本。高40~70 cm。茎直立，多分枝，有明显的腺点，茎部通常膨大。叶互生，披针形或椭圆状披针形，全缘；托叶鞘管状。总状花序呈穗状，顶生或腋生，常下垂；花被5深裂，白色或淡红色。瘦果三棱形，全部被宿存的花被包围。

花期5—10月，果期6—10月。常见生于沟边、河滩或山谷湿地。全株可药用。分布于南北各省区。

杠板归 *Polygonum perfoliatum*

又名老虎利、贯叶蓼。一年生攀援草本。茎长达1~2 m，有棱，棱上有倒生的钩刺。叶三角形；托叶鞘叶状，圆形或近圆形，穿叶；叶柄有倒生钩刺。总状花序呈短穗状，顶生或腋生；花白色或淡红色，5裂，花被片果时增大，呈肉质，深蓝色。瘦果近圆球形，成熟时黑色，包于宿存花被内。

花期6—8月，果期7—10月。常见生于田边、路旁、山谷湿地。分布于我国大部分省区。

箭叶蓼 *Polygonum sieboldii*

一年生草本。茎纤细，四棱形，沿棱具倒生针刺。叶披针形或长卵形，顶端急尖，基部箭形；托叶鞘管状，偏斜。总状花序密集成圆球形，通常成对，顶生或腋生；花白色或淡紫红色，5深裂，裂片长圆形，长约3 mm；雄蕊8枚，比花被短；花柱3枚，中下部合生。瘦果宽卵形，具3棱，黑色，包于宿存花被内。

花期4—9月，果期8—10月。常见生于山谷、沟旁、水边。全草可药用。分布于东北、华北、华东、华中和西南各省区。

雨久花科
Pontederiaceae

雨久花
Monochoria korsakowii

多年生水生草本。高30~70 cm。根状茎粗壮，具柔软须根。基生叶宽卵状心形，顶端尖，基部心形，具多数弧状脉；叶柄长达30 cm，有时膨大成囊状；茎生叶，叶柄渐短，基部增大成鞘，抱茎。总状花序顶生，有时再聚成圆锥花序，有花10余朵；花蓝色，花瓣6枚；雄蕊6枚。蒴果长卵圆形。

花期7—8月，果期9—10月。常见生于池塘、湖沼靠岸的浅水处和稻田中。分布于东北、华北、华中、华东和华南各省区。

凤眼莲 *Eichhornia crassipes*

　　又名布袋莲、水葫芦。水生草本。高30～60 cm。茎短，匍匐枝生新株。叶莲座状簇生，叶柄膨大成气囊有助于叶漂浮水面，叶片宽卵形、圆形或宽菱形。穗状花序直立，长17～20 cm，有花9～12朵；花冠漏斗状，蓝紫色，裂片6枚，上方1枚裂片较大；雄蕊6枚。蒴果卵形。

　　花期7—10月，果期8—11月。常见生于水塘、沟渠及稻田中。全草可作饲料；嫩叶及叶柄可作蔬菜；全株也可供药用。原产美洲，现广布于我国长江、黄河流域及华南各省区。

报春花科
Primulaceae

点地梅 *Androsace umbellata*

　　一、二年生草本。叶基生，卵圆形或近圆形，先端圆，基部截形或浅心形，边缘具三角状钝齿，两面被柔毛。花葶数枚丛生，高4～15 cm，伞形花序生于花葶顶端，有4～15朵花；花冠白色，冠筒坛状，喉部黄色，收缩成环状突起，裂片5枚，倒卵状长圆形；花柱短，不伸出冠筒。蒴果近球形。

　　花期2—4月，果期5—6月。常见生于山地路旁、田边、草地或疏林下。全株可药用。分布于东北、华北以及秦岭以南各省区。

泽珍珠菜 *Lysimachia candida*

一年生或二年生草本。茎单生或数条簇生，直立，高10～30 cm。基生叶匙形或倒披针形；茎叶倒卵形、倒披针形或线形。总状花序顶生，初时因花密集而呈阔圆锥形，其后渐伸长；花冠白色，5裂。蒴果球形。

花期3—6月，果期4—7月。生于田边、溪边和山坡路旁潮湿处。全株可药用。分布于陕西、河南、山东各省以及长江以南省区。

临时救 *Lysimachia congestiflora*

又名聚花过路黄。多年生草本。茎下部匍匐，节上生根，上部及分枝上生。叶对生，茎端的2对间距短，近密聚，叶片卵形、阔卵形至近圆形。花2～4朵集生茎端和枝端成近头状的总状花序，在花序下方的1对叶腋有时具单花；花冠黄色，5裂，内面基部紫红色。蒴果球形。

花期5—6月，果期7—10月。常见生于水沟边、田埂上和山坡林缘、草地等湿润处。全株可药用。分布于长江以南各省区以及陕西、甘肃和台湾等省。

延叶珍珠菜

Lysimachia decurrens

多年生草本。高40~90 cm。茎直立，粗壮，钝四棱形，上部分枝，基常常木质化。叶互生，有时近对生，叶片披针形或椭圆状披针形，先端锐尖或渐尖，基部楔形，下延至叶柄成狭翅。总状花序顶生，长10~25 cm；花冠白色或带淡紫色；雄蕊明显伸出花冠外。蒴果褐色，近球形。

花期3—5月，果期5—7月。常见生于村边荒地、路边、疏林下及草丛中。分布于华南和西南各省区。

星宿菜 *Lysimachia fortunei*

又名假辣蓼、红根草。多年生草本。高30~70 cm。根状茎横走，紫红色。茎直立，圆柱形，基部紫红色，通常不分枝。叶互生，叶片长椭圆状披针形至狭椭圆形。总状花序顶生，长10~20 cm；花冠白色，5裂，裂片倒卵形；雄蕊短于花冠。蒴果褐色，球形。

花期6—8月，果期8—11月。常见生于沟边、田边等低湿处，为民间常用草药。分布于华中、华南、华东各省区。

假婆婆纳

Stimpsonia chamaedryoides

一年生草本。全体被腺毛。茎直立或上生，常多条簇生，高6～18 cm。基生叶椭圆形至阔卵形；茎叶互生，卵形至近圆形，边缘均有粗齿。花单生于茎上部叶苞片状腋，呈总状花序状；花冠白色，高脚碟状，裂片5枚。蒴果球形。

花期4—5月，果期6—7月。常见生于丘陵和低山草坡和林缘。分布于长江以南各省区。

西番莲科
Pssifloraceae

杯叶西番莲 *Passiflora cupiformis*

藤本。长达6 m。叶互生，坚纸质，先端截形至2裂，基部圆形至心形。聚伞花序腋生，有5至多朵花；花白色，直径1.5～2 cm；萼片5枚，常成花瓣状；花瓣5枚，外副花冠裂片2轮，丝状，内副花冠褶状；具花盘，雄蕊5枚，花柱3枚，分离。浆果球形，直径1～1.6 cm，熟时紫色。

花期4月，果期9月。生于海拔1 700～2 000 m的山坡、路边草丛和沟谷灌丛中。根、叶或全草可药用。分布于湖北、四川、云南、广东、广西等省区。

蛇王藤

Passiflora moluccana var. teysmanniana

草质藤本。叶草质，互生或有时近对生，叶线形、线状长圆形或阔椭圆形。聚伞花序常退化成具1～2朵花；花白色，直径3.5～5 cm；萼片5枚，狭长圆形；花瓣长圆形；外副花冠2轮，丝状，青紫色或黄色，内副花冠褶状，雄蕊5枚，花柱3枚，分离。浆果卵形或近球形，直径1～2 cm。

花期1—4月，果期5—8月。常见生于山谷灌木丛中。分布于广西、广东和海南等省区。

鹿蹄草科
Pyrolaceae

大果假水晶兰

Cheilotheca macrocarpa

多年生腐生草本，高8～20 cm。全株无叶绿素，白色，半透明，干后变黑色。叶互生，鳞片状，无柄，在茎之基部较密，长圆形或长圆状卵形。花单生于茎顶端，下垂，无色，无毛，花冠管状钟形，直径1.4～1.7 cm；花瓣4～5枚，长方状长圆形，先端圆截形或截形，反卷，基部成小囊状；雄蕊8～10枚，花药橙黄色；花柱粗短，柱头圆形如杯状，常铅蓝色。浆果椭圆状球形或阔椭圆形，下垂。

花期4—7月，果期7—9月。常见生于海拔800～3 100 m的山地阔叶林或针阔叶混交林下。分布于四川、贵州、云南、浙江、台湾等省区。

毛茛科
Ranunculaceae

威灵仙 *Clematis chinensis*

又名铁脚威灵仙。多年生木质藤本。长3～5 m，干后变黑色。叶对生，奇数羽状复叶，通常有小叶片5枚，小叶卵形至披针形。圆锥花序顶生或腋生，多花；花直径1～2 cm，萼片4～5枚，白色，长圆形或长圆状倒卵形。瘦果卵形，3～7个，宿存花柱被白色长柔毛。

花期6—9月，果期8—11月。常见生于山坡、草地、林缘或山地灌丛中。根可药用；全株也可作农药。分布于长江以南各省区及陕西、河南等省。

大花威灵仙 *Clematis courtoisii*

木质藤本。长2～4 m。叶对生，三出复叶至二回三出复叶，长圆形或卵状披针形。花单生于叶腋，在花梗的中部着生一对叶状苞片；花白色，直径5～8 cm；萼片6枚，倒卵状披针形或宽披针形；雄蕊暗紫色。瘦果倒卵圆形，宿存花柱被黄色柔毛。

花期5—6月，果期6—7月。常见生于林中、灌丛中，攀援于树上。全草可药用；花大美丽，可栽培供观赏。分布于湖南、安徽、浙江、江苏和河南等省区。

绣球藤 *Clematis montana*

又名三角枫、淮木通。木质藤本。茎圆柱形，长达8 m。叶为三出复叶，数叶与花簇生或对生，小叶片边缘具缺刻状锯齿，顶端3裂。花1～6朵与叶簇生，萼片4枚，开展，白色或外面带淡红色，长圆状倒卵形至倒卵形；花瓣不存在。瘦果扁卵形或卵圆形，无毛。

花期4—6月，果期7—9月。常见生于海拔1 200～3 900 m的林下、林缘、沟边和山坡灌丛。茎藤可药用；也可栽培供观赏。分布于长江以南各省区及陕西、甘肃、河南、西藏等省。

还亮草 *Delphinium anthriscifolium*

又名鱼灯苏。一年生草本。茎高20～78 cm，有分枝。叶互生，2～3回近羽状复叶，叶片菱状卵形或三角状卵形，羽片2～4对，对生。总状花序着生茎端或分枝顶端，有花2~10朵；花淡蓝紫色，直径1～2 cm，距钻形；花瓣2枚，不等3裂；退化雄蕊2枚，瓣片深裂，心皮3枚。蓇葖果长1.1～1.6 cm。

花期3—5月。常见生于山坡草丛或溪边草地。全株可药用。分布于长江以南各省区及陕西、甘肃、河南等省。

蕨叶人字果 *Dichocarpum dalzielii*

多年生草本。高约40 cm。根状茎较短，密生须根。叶全部基生，为二回三出鸟趾状复叶，3～11枚。花葶3～11条，高20～28 cm；复单歧聚伞花序长5～10cm，有花3～8朵；花直径1.4～1.8 cm；萼片5枚，花瓣状，白色，倒卵状椭圆形；花瓣5枚，金黄色，远小于萼片；雄蕊多数，心皮2枚。蓇葖2个，狭倒披针形；种子近圆球形。

花期4—5月。常见生于海拔750～1 600 m山地密林下、沟边或溪旁阴湿处。分布于西南、华南及华东各省区。

石龙芮 *Ranunculus sceleratus*

一年或二年生直立草本。茎高20～50 cm，无毛。基生叶和下部叶有长柄，叶片宽卵形，基部心形，3深裂；茎生叶有柄，上部叶近无柄，通常3深裂至全裂，裂片披针形至线形。聚伞花序有多数花；花小，直径约5～8 mm；花瓣5枚，倒卵形；雄蕊多数，花托在果期伸长呈圆柱形。聚合果长圆形。

花果期3—8月。常见生于溪沟边或湿地，有时生于水中。全草有毒，可药用。分布于全国各地。

猫爪草 *Ranunculus ternatus*

一年生草本。块根卵球形或纺锤形，形似猫爪。茎铺散，高5~20 cm，多分枝。单叶或三出复叶，宽卵形至圆肾形，小叶3裂；基生叶有长柄，茎生叶无柄。花单生茎顶和分枝顶端，直径1~1.5 cm；花瓣5~7枚，黄色或后变白色。聚合果卵球形。

花期3月，果期4—7月。常见生于平原湿地或田边荒地。块根可药用，分布于河南、江苏、安徽、浙江、江西、湖南、湖北、广西、台湾等省区。

华东唐松草 *Thalictrum fortunei*

多年生草本，茎高20~66 cm，分枝。2~3回三出复叶，小叶宽倒卵形或近圆形，宽1~2 cm，不明显3浅裂，具圆齿。单歧聚伞花序生茎和分枝顶端；花直径6~7 mm；萼片4枚，白色，倒卵形；无花瓣；雄蕊多枚，花丝上部倒披针形，花柱宿存。瘦果圆柱状纺锤形，有6~8条纵肋条。

花期3—5月，果期5—7月。常见生于林下或阴湿处。全株可药用。分布于江西、安徽、浙江和江苏等省区。

多花勾儿茶 *Berchemia floribunda*

鼠李科
Rhamnaceae

攀援灌木。长1～4 m。叶纸质，卵形或卵状椭圆形，顶端钝或圆形，稀短渐尖，基部圆形，稀心形；托叶卵状披针形，宿存。圆锥花序顶生或有时具腋生聚伞总状花序，长可达15 cm，花在花序上单生或2～3朵簇生；花瓣倒卵形，成舟状包围雄蕊。核果圆柱状椭圆形。

花期7—10月，果期翌年3—7月。常见生于山坡、沟谷、林缘、疏林下或灌丛中。分布于黄河以南各省区。

铁包金 *Berchemia lineata*

又名老鼠耳，披散小灌木或攀援状灌木。长达2 m，多分枝。叶互生，排成2列，椭圆形至长圆形；茎纵及托叶线状披针形，托叶宿存。聚伞总状花序顶生，有花数朵至10余朵，腋生花序簇

生，具花1～5朵；花白色，花萼钟状，5深裂；花瓣5枚，匙形。核果卵形或卵状长圆形，熟时黑色。

花期9—10月，果期11月。常见生于路旁灌丛中、丘陵地或疏林下。分布于广西、广东、福建和台湾等省区。

蔷薇科
Rosaceae

龙芽草 *Agrimonia pilosa*

又名仙鹤草。多年生草本。高达1m。全株具白色长毛，羽状复叶互生，小叶3～4对，向上减少至3小叶，卵圆形至倒卵圆形，边缘有锯齿，两面均被柔毛。总状花序顶生；花直径6～9mm，花瓣5枚，黄色；花柱2枚，丝状，柱头头状。果实倒卵圆锥形，外面有10条肋。

花果期5—12月。常见生于路旁、草地、灌丛、林缘及疏林下。分布于全国各地。

钟花樱桃 *Cerasus campanulata*

又名福建山樱花。落叶乔木或灌木。高3～8m，树皮黑褐色。叶片卵形、卵状椭圆形或倒卵状椭圆形，薄革质，边缘有锯齿。伞形花序有花2～4朵，先叶开放，花直径1.5～2cm；萼筒钟状，花瓣倒卵状长圆形，粉红色，先端颜色较深，下凹；雄蕊39～41枚。核果卵球形。

花期2—3月，果期4—5月。常见生于山谷林中及林缘。花美丽，可栽培供观赏。分布于浙江、福建、广东、广西及台湾等省区。

华中樱桃

Cerasus conradinae

落叶乔木。高3～10 m，树皮灰褐色。叶倒卵形、长椭圆形或倒卵状长椭圆形。伞形花序有花3～5朵，先叶开放，直径约1.5 cm；萼筒管形钟状；花瓣白色或粉红色，卵形或倒卵圆形；雄蕊32～43枚。核果卵球形，红色。

花期3月，果期4—5月。常见生于沟边林中。分布于陕西、河南、湖南、湖北、四川、贵州、云南、广西等省区。

平枝栒子 *Cotoneaster horizontalis*

匍匐灌木。枝呈两列状；小枝圆柱形。叶近圆形或宽椭圆形，先端急尖，基部楔形。花1～2朵腋生或生短枝顶端，近无梗；花粉红色，直径5～7 mm；花瓣5枚，倒卵形；雄蕊12枚，花柱2～3枚，离生。果实近球形，红色，直径4～6 mm。

花期5—6月，果期9—10月。常见生于海拔2 000～3 500 m的岩石上或灌木丛中。分布于四川、贵州、云南、湖南、湖北、陕西和甘肃等省区。

蛇莓 *Duchesnea indica*

又名蛇泡草。多年生草本。匍匐茎细长，在节上生不定根。三出复叶，小叶片菱状卵形或倒卵形，边缘有锯齿；托叶宿存。花单生于叶腋，直径1.5～2.5 cm；萼片、副萼片和花瓣各5枚，萼片卵形，副萼片与萼片互生，宿存，先端有3～5个锯齿；花瓣黄色，倒卵形；雄蕊20～30枚；心皮多数，离生；花托在果期膨大，肉质，红色。瘦果多数，卵形。

花期4～8月，果期8—10月。常见生于山坡、草地、溪流或潮湿的地方。全株可药用。分布于全国大部分地区。

大花枇杷 *Eriobotrya cavaleriei*

又名山枇杷。常绿乔木。高4～6 m。叶片集生枝顶，长圆形、长圆披针形或长圆状倒披针形，先端渐尖，边缘具浅齿。圆锥花序顶生，直径9～12 cm；花白色，直径1.5～2.5 cm，花瓣倒卵形，微缺。果椭圆形或近球形，橘红色。

花期4—5月，果期7—8月。常见生于山坡、河边的杂木林中。分布于湖北、湖南、江西、福建、广东、广西、贵州和四川等省区。

野草莓 *Fragaria vesca*

　　又名欧洲草莓、森林草莓。多年生草本。高5～30 cm。叶为三出或羽状5小叶，小叶片椭圆形、倒卵圆形或宽卵圆形，边缘具缺刻状锯齿；托叶鞘状，基部与叶柄合生。聚伞花序有花2～5朵；萼片卵状披形，副萼片窄披针形或钻形；花瓣5枚，白色，倒卵形；雄蕊20枚。聚合果卵球形，红色，瘦果卵形。

　　花期4—6月，果期6—9月。常见生于草地、山坡、林下。果实可食。分布于吉林、陕西、甘肃、新疆、四川、云南、贵州等省区。

棣棠花 *Kerria japonica*

　　又名地团花。丛生落叶灌木。高1～2 m。小枝细长，嫩绿色。叶互生，三角状卵形，尖端渐尖，边缘有深锯齿，背面微生短柔毛；托叶钻形，早落。花单生于短枝顶端，直径2.5～6 cm，花瓣黄色，宽椭圆形，顶端下凹。瘦果倒卵形至半球形。

　　花期3—5月，果期6—8月。常见生于山坡灌丛中。园林中常见栽培。分布于秦岭地区及长江以南各省区。

湖北海棠 *Malus hupehensis*

乔木。高可达8 m。叶互生，卵圆形至卵状椭圆形，边缘有细锐锯齿。叶柄紫红色，嫩叶、花萼和花梗都带紫褐色。伞房花序有花4～6朵，花梗长3～6 cm，花直径3.5～4 cm，白色花瓣；雄蕊20枚，花柱3枚，基部合生。梨果椭圆形或近球形，直径约1 cm，黄绿色稍带红晕。

花期4—5月，果期8—9月。常见生于山坡或山谷丛林中。分布于长江以南各省区及甘肃、陕西、河南、山西、山东等省。

石楠 *Photinia serrulata*

又名凿木、千年红、柴石楠。常绿灌木或小乔木。高4～6 m，有时可达12 m；小枝灰褐。叶互生，革质，长倒卵形或倒卵状椭圆形，边缘有锯齿。复伞房花序顶生；花白色，密生，直径6～8 mm；花瓣5枚，近圆形；雄蕊20枚，心皮2枚，花柱2～3枚。小梨果近球形，红色或紫褐色。

花期4—5月，果期6—10月。常见生于杂木林中。叶和根可药用；园林中常见栽培。分布于长江以南各省区及陕西、甘肃、河南等省。

火棘 *Pyracantha fortuneana*

又名火把果、救军粮。常绿灌木。高达3 m；具枝刺。叶互生，倒卵状长圆形或倒卵形，边缘具钝齿；托叶小，早落。复伞房花序顶生，直径3～4 cm；花白色，直径约1 cm；花瓣5枚，近圆形；雄蕊20枚，心皮5枚。梨果近球形，直径约5 mm，橘红色或深红色。

花期3—5月，果期8—11月。常见生于路旁、山地及灌丛中。果实磨粉可作代食品；园林中常见栽培。分布于华东、华中、西南各省区及陕西、河南、西藏等省区。

石斑木 *Raphiolepis indica*

又名春花、车轮梅。常绿灌木或小乔木。高1～4 m。叶革质，常聚生于枝顶，卵形、长圆形、卵状披针形或披针形，边缘具细钝锯齿。圆锥花序或总状花序顶生；花白色或淡红色，直径1～1.3 cm，花瓣5枚，倒卵形或披针形，雄蕊15枚，花柱2～3枚。梨果核果状，近球形，紫黑色，直径约5 mm。

花期4月，果期7—8月。常见生于路旁、山坡、灌丛或林中。果可食，根叶可药用；也可栽

培供观赏。分布于长江以南各省区。

小果蔷薇 *Rosa cymosa*

又名山木香。攀援灌木。高2～5 m，具钩状皮刺。叶互生，奇数羽状复叶，小叶3～5枚，稀7枚，椭圆形或卵状披针形，边缘有细锯齿。花多朵组成复伞房花序，花白色，直径2～2.5 cm，花

瓣5枚，倒卵形，顶端凹；雄蕊多数，心皮多数，离生。果球形，直径4～7 mm，红色至黑褐色。

花期4—6月，果期6—11月。常见生于山坡、丘陵地、路旁和溪边。分布于长江以南各省区。

软条七蔷薇 *Rosa henryi*

灌木。高3～5 m，有长匍匐枝；小枝有短而弯的刺或无刺。叶互生，奇数羽状复叶，小叶通常5枚，长圆形、卵形、椭圆形或椭圆状卵形，顶端长渐尖或尾尖，边缘具齿；托叶大部贴生于叶柄，离生部分披针形。伞房花序有花

5～15朵，花白色，直径2.5～4 cm，芳香。果近球形，直径8～10 mm。

花期春夏，果期8—10月。常见生于山谷、林边、田边或灌丛中。分布于陕西、河南省及长江以南各省区。

金樱子 *Rosa laevigata*

又名刺梨子、糖罐子。常绿攀
援灌木。高可达5 m；小枝粗壮，
有疏钩刺。叶互生，奇数羽状复
叶，小叶通常3枚，稀5枚，革质；
小叶片倒卵形、椭圆状卵形或披针
状卵形，边缘有锐锯齿。花单生于
叶腋，白色，直径为5～7 cm；花梗
和萼管均被腺毛或刺；花瓣5枚，
宽倒卵形，雄蕊多数，心皮多数，
花柱离生。果梨形、倒卵形，外面
密被刺毛，萼片宿存。

花期4—6月，果期7—11月。
常见生于山地、田边、林中和灌丛
中。根、叶、果可药用；果实可熬
糖及酿酒。分布于陕西、长江及以
南各省区。

缫丝花 *Rosa roxburghii*

又名刺梨。灌木。高
1～2.5m，具皮刺。叶互生，
奇数羽状复叶，小叶9～15
枚，小叶片椭圆形或长圆
形，边缘有细锐锯齿。花单
生或2～3朵生于短枝顶端，
花淡红色或粉红色，直径为
5～6 cm，芳香；花瓣重瓣
或半重瓣，倒卵形；雄蕊多
数，心皮多数，花柱离生。果扁球形，直径3～4 cm，外面密生针刺，萼片
宿存。

花期5—7月，果期8—10月。常见生于丘陵坡地、灌丛、路旁或溪边。果可
食用和药用。分布于华东、华中、西南各省区及西藏、甘肃、陕西等省。

掌叶复盆子 *Rubus chingii*

藤状灌木。高1.5～3m；枝细，具皮刺。叶互生，掌状5深裂，稀3或7裂，裂片椭圆形或菱状卵形。单花腋生，花白色，直径2.5～4cm；花瓣5枚，椭圆形或卵状长圆形；雄蕊多数。果实红色，近球形。

花期3—4月，果期5—6月。常见生于山坡、灌丛中。果可食、制糖、酿酒，也可入药。分布于江苏、安徽、浙江、江西、福建和广西等省区。

茅莓 *Rubus parvifolius*

又名红梅消、小叶悬钩子。攀援灌木。枝被柔毛和小钩刺。羽状复叶有小叶3～5枚，卵形、卵状披针形或菱状圆形，大小不等，边缘有不规则粗齿和浅裂；托叶线形。花数朵排成顶生的圆锥花序或单生于上部叶腋内；花冠粉红色至紫红色，直径约1cm。果球形，红色，直径1～1.5cm。

花期4—6月，果期6—8月。常见生于山坡杂木林下、向阳山谷、路旁或荒野。果实酸甜多汁，可食用、酿酒及制醋等；根和叶可提取栲胶；全株可药用。分布于我国大部分地区。

空心泡 *Rubus rosaefolius*

又名蔷薇莓。直立或攀援灌木。高2～3 m，枝柔弱，具皮刺。羽状复叶有小叶5～7枚，小叶片披针形至卵状披针形，边缘具重锯齿，小叶柄和叶轴有柔毛和小皮刺。花1～2朵顶生或腋生；花白色，直径2～3 cm；花瓣5枚，长圆形或近圆形；雄蕊多数，心皮多数，着生于球形的花托上。聚合果卵球形，红色。

花期3—5月，果期6—7月。常见生于山地林中或灌丛中。根、茎、叶可药用。分布于华东、华南、西南各省区。

中华绣线菊 *Spiraea chinensis*

又名铁黑汉条。落叶灌木。高1.5～3 m；小枝呈拱形弯曲，红褐色。叶互生，菱状卵形或倒卵形，长边缘有缺刻状粗锯齿，或不明显3裂。由多朵花密集成伞形花序，花白色，直径3～4 mm；花瓣5枚，近圆形；雄蕊20～25枚，心皮5枚，离生。蓇葖果被短柔毛。

花期3—6月，果期6—10月。常见生于山坡灌丛、林中或路旁。花朵美丽，可栽培供观赏。分布于长江中下游及以南各省区。

假升麻 *Aruncus sylvester*

又名棋棠升麻。多年生草本。基部木质化，高1～3 m。茎圆柱形，带暗紫色。大型羽状复叶，通常二回稀三回，小叶片3～9枚，菱状卵形、卵状披针形或长椭圆形，边缘具锯齿。大型穗状圆锥花序，长10～40 cm；花单性，直径2～4 mm，花瓣白色。蓇葖果并立，果梗下垂，萼片宿存。

花期6—7月，果期8—9月。常见生于海拔1 800～3 500 m的山坡林下或山沟。分布于东北、西北、西南及华东各省区。

茜草科
Rubiaceae

水团花 *Adina pilulifera*

常绿灌木至小乔木。高达5 m。叶对生，厚纸质，椭圆形至椭圆状披针形，或有时倒卵状长圆形至倒卵状披针形，顶端短尖至渐尖而钝头，基部钝或楔形，有时渐狭窄，托叶2裂，早落。头状花序腋生，稀顶生，总花梗长3～4.5 cm；花冠白色，窄漏斗状。果序直径8～10 mm；小蒴果楔形。

花期6—7月。常见生于山谷疏林下、路旁、溪边水畔。分布于长江以南各省区。

阔叶丰花草 *Borreria latifolia*

多年生披散草本。全株被毛，茎和枝四棱柱形。叶对生，椭圆形至卵状椭圆形；托叶和叶柄合生成鞘。花数朵丛生于托叶鞘内，无花梗；花冠漏斗状，淡紫色，顶端4裂；雄蕊4枚，柱头2枚。蒴果椭圆形。

花、果期5—10月。常见生于荒地、沟渠边、山坡路旁或田间。原产南美洲热带地区，现在广东、海南、福建、台湾等省逸为野生。

栀子 *Gardenia jasminoides*

又名黄栀子、越桃。常绿灌木。小枝绿色。叶对生，革质，广披针形至倒卵形，先端和基部钝尖，全缘，表面有光泽。花腋生，花冠基部筒状，裂片5枚或更多。未开时，花蕾白中透碧，花开时呈白色，有香气，花落之前，变为黄色。

花期4—8月。常见生于山谷、山坡、溪边的灌丛或林中。果实可药用；花可提制芳香浸膏；也可栽培供观赏。分布于长江流域及以南各省区。

龙船花 *Ixora chinensis*

又名山丹。常绿
灌木。高0.8～2 m。
叶对生，革质，披针
形、长圆状披针形至
长圆状倒披针形。聚
伞花序顶生，花冠高
脚碟形，红色或橙红
色，顶部4裂，裂片倒
卵形或近卵形；雄蕊
4枚，突出冠管外。核
果近球形，成熟时红
黑色。

花期5—7月。常见生于疏林下、山地灌丛中、路旁。园林常见栽培。
分布于福建、广东和广西等省区。

玉叶金花 *Mussaenda pubescens*

又名野白纸扇。攀援灌
木。叶对生或轮生，膜质或薄
纸质，卵状披针形或卵状长圆
形。聚伞花序顶生；花萼裂片
5枚，其中一枚呈花瓣状，阔
椭圆形，白色，有长柄；花冠
黄色，高脚碟状，花冠管长约
2 cm，冠檐5裂，裂片长圆状披
针形。浆果近球形。

花期6—7月。常见生于
溪谷、山地或灌丛中。茎叶
药用或晒干代茶叶饮用；可
栽培供观赏。分布于华东和
华南各省区。

日本蛇根草 *Ophiorrhiza japonica*

多年生草本。高20～40 cm。茎基部匍匐，节上生不定根。叶对生，纸质，披针形、卵形或长椭圆状卵形，顶端钝或钝尖，基部宽楔形至圆形，有时歪斜，全缘。聚伞花序顶生，有花多朵；花冠近漏斗形，白色或粉红色，冠管狭长，冠檐5裂。蒴果僧帽形；种子小，椭圆形。

花期冬春，果期春夏。常见生于常绿阔叶林下。分布于长江流域及以南各省区。

鸡爪簕 *Oxyceros sinensis*

灌木或小乔木。有时攀援状，高1～7 m。多分枝，有成对或单生的刺。叶对生，纸质，卵状椭圆形、长圆形或卵形。聚伞花序顶生或生于上部叶腋，多花而稠密，呈伞形状；花冠白色或黄色，高脚碟状，冠管细长，花冠裂片5枚；雄蕊5枚，花丝极短。浆果球形，直径8～12 mm，黑色，常多个聚生成球状。

花期3—12月，果期5月至翌年2月。常见生于旷野、山地的林中，或灌丛。分布于福建、台湾、广东、广西、海南、云南等省区。

鸡矢藤 *Paederia scandens*

又名鸡屎藤。藤本，茎长3～5 m。叶对生，纸质或近革质，叶形变化大，卵形、椭圆形至披针形，顶端急尖或渐尖，基部楔形或近圆形。圆锥花序式聚伞花序顶生或腋生；花冠短筒状，白色带浅紫色，冠檐5裂，边缘皱褶。果近黄色，球形，直径5～7 mm。

花期5—10月。常见生于林缘、山坡、沟谷边或缠绕在灌木上。全株可药用。分布于长江以南各省区及甘肃、陕西、山东、河南等省。

香港大沙叶 *Pavetta hongkongensis*

灌木或小乔木。高1～4 m。叶对生，膜质，长圆形至椭圆状倒卵形，叶表面有固氮菌所形成的菌瘤，满布叶上呈点状。聚伞花序排成伞

房式生于侧枝顶部，多花，直径7～15 cm；花冠白色，高脚碟形，冠管纤细，顶部4裂；雄蕊4枚。浆果球形，直径约6 mm。

花期3—4月。常见生于灌木丛中。全株可药用。分布于广东、广西、海南、云南等省区。

九节 *Psychotria rubra*

灌木或小乔木。高0.5～5 m。叶对生，纸质或革质，长圆形或长圆状倒卵形。聚伞花序顶生，多花；花冠漏斗形，白色，冠檐5裂，裂片近三角形；雄蕊与花冠裂片互生，柱头2裂。核果红色，球形或宽椭圆形，具纵棱。

花、果期全年。常见生于山坡、溪边灌丛或林中。枝、叶、根可药用。分布于华东、华南和西南各省区。

钩藤 *Uncaria rhynchophylla*

又名吊藤。常绿木质大藤本。蔓长可达10 m。小枝方柱形，叶腋有成对或单生的钩，向下弯曲。叶对生，具短柄，卵形、卵状长圆形或椭圆形，先端渐尖，基部宽楔形，全缘。头状花序单生叶腋或顶生成总状花序，花冠高脚碟状，黄色；雄蕊和花柱伸出花冠外。蒴果倒卵形。

花果期5—12月。常见生于山谷溪边及疏林中。茎为著名中药。分布于长江以南各省区及陕西省。

水锦树 *Wendlandia uvariifolia*

灌木或乔木。高2～15 m。叶对生，纸质，宽椭圆形、卵形或长圆状披针形。聚伞花序圆锥状，顶生，多花；花小，无花梗，常数朵簇生；花冠漏斗状，白色，裂片远比冠管短。蒴果小，球形，直径1～2 mm，被短柔毛。

花期1—5月，果期4—10月。常见生于山地林中、林缘、灌丛中或溪边。叶和根可作药用。分布于贵州、云南、广东、广西、海南、台湾等省区。

无患子科
Sapindaceae

复羽叶栾树 *Koelreuteria bipinnata*

大乔木。高达20 m以上。皮孔圆形至椭圆形；枝具小疣点。二回羽状复叶，长45～70 cm，有小叶9～15枚，小叶纸质或近革质，斜卵形或斜卵状长圆形。圆锥花序大型，顶生，长15～25 cm；花黄色，花瓣4枚，线状披针形。蒴果椭圆状卵形，顶端浑圆而有小尖头，成熟时紫红色。

花期7—9月，果期8—10月。常见生于山地疏林中。根可药用；木材可制家具；种子油工业用。分布于云南、贵州、四川、湖北、湖南、广西、广东等省区。

三白草科
Saururaceae

鱼腥草 *Houttuynia cordata*

又名蕺菜、侧耳根。多年生草本。高30～60 cm。茎下部伏地，节上轮生小根。叶薄纸质，卵形或阔卵形，有腺点，背面常呈紫红色；叶揉烂后有腥臭味。花小，排成顶生或与叶对生的穗状花序；花序基部有4片白色花瓣状的总苞片。蒴果顶端有宿存的花柱。

花期4—7月。常见生于溪边、沟边或林下湿地。全株可药用；嫩根茎可食用。分布于长江以南各省及西藏、陕西、甘肃等省区。

三白草 *Saururus chinensis*

多年生草本。高约1 m。茎粗壮，下部伏地，白色，节上轮生须状小根。叶互生，纸质，阔卵形至卵状披针形，茎顶端的2～3片于花期常为白色，呈花瓣状。总状花序顶生，白色，长12～20 cm；花小，花被不存在；雄蕊6枚。果近球形，直径约3 mm，表面多疣状凸起。

花期4—6月。常见生于低湿沟边、塘边或溪旁。分布于长江流域及其以南各省区。

虎耳草科
Saxifragaceae

日本金腰 *Chrysosplenium japonicum*

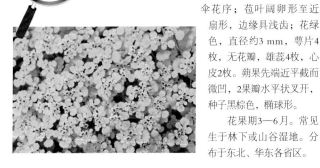

多年生小草本。高8～16 cm，丛生；茎基具珠芽。叶肾形，边缘具浅齿，基部心形或肾形。花密集成聚伞花序；苞叶阔卵形至近扇形，边缘具浅齿；花绿色，直径约3 mm，萼片4枚，无花瓣，雄蕊4枚，心皮2枚。蒴果先端近平截而微凹，2果瓣水平状叉开，种子黑棕色，椭球形。

花果期3—6月。常见生于林下或山谷湿地。分布于东北、华东各省区。

黄山溲疏 *Deutzia glauca*

落叶灌木。高1.5～2 m，表皮片状脱落。叶对生，纸质，卵状长圆形或卵状椭圆形，边缘具锯齿。圆锥花序顶生或腋生，长5～10 cm，直径约4 cm，具多花；花直径为1～1.4 cm，花萼5裂，果时宿存；花瓣5枚，白色，长圆形或狭椭圆状菱形；雄蕊10枚，2轮。蒴果半球形，直径约7 mm。

花期5—6月，果期8—9月。常见生于林中。分布于安徽、河南、湖北、浙江、江西等省区。

常山 *Dichroa febrifuga*

又名黄常山、白常山。落叶灌木。高1~2 m。小枝圆柱状，常呈紫红色。叶对生，形状大小变异大，椭圆形、倒卵形或披针形，边缘具锯齿，稀波状。伞房状圆锥花序顶生，有时叶腋有侧生花序，直径为3~20 cm；花蓝色或白色，直径为6~10 mm；花瓣5枚，长圆状椭圆形，花后反折。浆果蓝色，直径为3~7 mm。

花期2—4月，果期5—8月。常见生于阴湿林中。根可药用。分布于长江以南各省区及陕西、甘肃、西藏等省区。

绢毛山梅花

Philadelphus sericanthus

又名毛萼山梅花、建德山梅花。直立灌木。高1~3 m；表皮纵裂，片状脱落。叶对生，纸质，椭圆形或椭圆状披针形，边缘具锯齿。总状花序具多花，花白色，芳香，直径为2.5~3 cm；花瓣4枚，长圆形或倒卵形；雄蕊30~35枚。蒴果倒卵形，直径约5 mm。

花期5—6月，果期8—9月。常见生于灌丛中或林下。分布于华东、华中、西南各省区及陕西、甘肃等省区。

玄参科
Scrophulariaceae

毛麝香 *Adenosma glutinosum*

　　直立草本。密被长柔毛，高为30～100 cm，有芳香味。叶对生，或上部的叶互生，叶片披针状卵形至宽卵形，边缘具锯齿。花紫红色或蓝紫色，单生叶腋或在茎、枝顶端集成较密的总状花序；花冠筒状，冠檐2唇形，上唇直立，下唇三裂；雄蕊4枚，2强。蒴果卵形，先端具喙，有2纵沟。

　　花果期7—10月。常见生于荒山坡、疏林下湿润处。分布于江西、福建、广东、广西及云南等省区。

假马齿苋 *Bacopa monnieri*

　　匍匐草本。节上生根，多少肉质。叶对生矩圆状倒披针形，顶端圆钝，极少有齿；无叶柄。花单生叶腋，萼片5枚，萼下有一对条形小苞片；花冠蓝色，紫色或白色，长为8～10 mm，冠筒管状，冠檐2唇形，上唇2裂，下唇3裂；雄蕊4枚，2强；柱头头状。蒴果长卵状，包在宿存的花萼内。

　　花期5—10月。常见生于水边、湿地及沙滩。分布于云南、广东、福建和台湾等省区。

抱茎石龙尾 *Limnophila connata*

直立或斜升草本。高15 cm。叶对生，卵状披针形或披针形，基部半抱茎。花无梗或近无梗，单生或在枝顶排列成疏散的穗状花序；小苞片2枚，线形，基部与萼筒合生；花萼筒状，宿存；花冠蓝色至紫色，2唇形，两面被毛；雄蕊4枚，2强。蒴果近球形，两侧扁，具2条凸起的棱。

花果期9—11月。常见生于田边、草地、水边湿地或水中。分布于广东、广西、福建、江西、湖南、云南、贵州等省区。

旱田草 *Lindernia ruellioides*

一年生草本。茎四方形，主茎直立，高10～15 cm，基部发出长达30 cm的匍匐茎，节间长，节上生根。叶对生，矩圆形，边缘密生细锯齿。花2～10朵排成顶生的总状花序；花冠淡紫红色，2唇形，上唇直立，下唇开展，3裂；雄蕊4枚，前面2枚雄蕊不育。蒴果柱形，上部渐尖。

花果期5—11月。常见生于草丛中或疏林下湿润处。分布于华东、华南和西南各省区。

山罗花 *Melampyrum roseum*

一年生半寄生草本。高15~80 cm，全株疏被鳞片状短毛。茎多分枝，四棱形。叶对生，披针形至卵状披针形，先端渐尖，基部圆钝或楔形。总状花序顶生；花萼钟状，萼齿三角形至钻状三角形；花冠红色或紫红色，长1.5~2 cm，筒部长为檐部的2倍，上唇风帽状，2裂，下唇3裂。蒴果卵状渐尖，被鳞片状毛。

花期夏秋。常见生于山坡灌丛或草丛中。分布于东北、华北、华东、华中各省区及陕西、甘肃等省区。

白花泡桐 *Paulownia fortunei*

落叶乔木。高可达30 m，胸径可达2 m。叶长卵状心形，长达20 cm，先端渐尖或锐尖，叶柄长达12 cm。圆锥状聚伞花序，花冠管状漏斗形，白色或淡紫色，长8~12 cm，腹部无明显皱褶，内部密布紫色斑块。蒴果椭圆形，长6~10 cm，果皮木质较厚。

花期3—5月，果期7—9月。常见生于低海拔的山坡、林中、山谷或荒地，分布于长江流域以南各省区。

台湾泡桐 *Paulownia kawakamii*

小乔木。高6～12 m。叶心脏形，长可达48 cm，全缘或3～5裂。花序为宽大圆锥形，长可达1 m，小聚伞花序常有花3朵；花冠近钟形，浅紫色至蓝紫色，长3～5 cm，檐部2唇形，直径为3～4 cm。蒴果卵圆形，顶端有短喙。

花期4—5月，果期8—9月。常见生于山坡灌丛、疏林及荒地。分布于湖北、湖南、江西、浙江、福建、台湾、广东、广西、贵州等省区。

波斯婆婆纳 *Veronica persica*

又名阿拉伯婆婆纳。铺散多分枝草本。高10～50 cm。茎密生柔毛。叶2～4对，卵形或圆形，边缘具钝齿，具短柄。总状花序，苞片互生，与叶同形；花冠辐状，蓝色或蓝紫色，裂片4枚，圆形至卵形；雄蕊2枚，花柱宿存。蒴果肾形，被腺毛。

花期3—5月。常见生于路边及荒野。原产于亚洲西部及欧洲，在我国已归化，分布于华东、华中、西南各省区及新疆维吾尔自治区。

水苦荬 *Veronica undulata*

多年生草本。高15～40 cm。茎直立，肉质，不分枝。叶对生，长圆状线形或条状披针形，顶端圆，基部心形或抱茎，具细锯齿。总状花序腋生；花萼钟形，4裂，长于花冠；花冠辐状，紫色、粉红色或白色，4裂，裂片卵形，雄蕊4枚，短于花冠。蒴果球形，花柱宿存。

花果期2—9月。常见生于水边及沼泽地。广布于全国大部分省区。

茄 科
Solanaceae

曼陀罗

Datura stramonium

又名枫茄花。直立草本或亚灌木。高0.5～1.5 m。叶互生，近卵形，顶端渐尖，基部楔形，不对称；边缘有不规则波状浅裂；叶柄长3～5 cm。花单生于枝杈间或叶腋，直立；花冠长漏斗状，白色或淡紫色，冠檐5浅裂，裂片有短尖头；雄蕊5枚。蒴果直立，卵状，直径为2～4 cm，密被硬针刺或无针刺近光滑。

花果期6—10月。常生于路旁、宅边或草地上。全株有毒，可药用。全国各地均有分布。

少花龙葵 *Solanum photeinocarpum*

纤细草本。高约1 m。茎多分枝，具棱。叶互生，卵形至卵状长圆形，先端尖，基部楔形下延成翅。花序近伞形，腋外生，有花1～6朵；花小，直径约7 mm，花冠星状辐形，白色，冠檐5裂，裂片卵状披针形。浆果球状，直径约5 mm，成熟后黑色。

花果期全年。常见生于溪边、密林阴湿处或荒地。叶可药用，也可作蔬菜。分布于云南、广西、广东、湖南、江西及台湾等省区。

水茄 *Solanum torvum*

灌木。高1～3 m，植株具刺。叶单生或双生，卵形至椭圆形，顶端尖，基部心形或楔形，两边不对称，边缘3～4裂或波状。伞房状聚伞花序腋外生，二至多歧；花冠

辐形，白色，直径约1.5 cm，冠檐5裂，裂片卵状披针形。浆果球形，黄色，直径约1～1.5 cm。

花果期全年。常见生于路旁、荒地、沟谷等潮湿地方。分布于云南、广西、广东、福建和台湾等省区。

旌节花科
Stachyuraceae

中国旌节花 *Stachyurus chinensis*

　　落叶灌木。高2～4 m。树皮光滑，紫褐色或深褐色；小枝具淡色椭圆形皮孔。叶互生，纸质至膜质，卵形或长圆形，边缘具圆齿状锯齿。穗状花序腋生，先叶开放，长5～10 cm，无梗；花黄色，长约7 mm，花瓣4枚，卵形。果实圆球形，直径为6～7 cm。

　　花期3—4月，果期5—7月。常见生于山坡谷地林中或林缘。分布于河南、陕西、西藏等省区及长江以南各省区。

梧桐科
Sterculiaceae

昂天莲 *Ambroma augusta*

　　灌木。高1～4 m。叶心形或卵状心形，有时为3～5浅裂，顶端急尖或渐尖，基部心形或斜心形，基生脉3～7条，叶脉在两面均凸出。聚伞花序有花1～5朵；花红紫色，直径约5 cm；花瓣5枚，匙形，雄蕊的花丝合生成筒状，包围着雌蕊，能育雄蕊15枚，退化雄蕊5枚。蒴果膜质，倒圆锥形，直径约3～6 cm，具5纵翅。

　　花期春夏季。常见生于山谷沟边或林缘。根可药用；也可栽培供观赏。分布于广东、广西、云南、贵州等省区。

马松子 *Melochia corchorifolia*

又名野路葵。亚灌木状草本。高不及 1 m。叶薄纸质，卵形或披针形，偶有3浅裂，边缘有锯齿。聚伞花序顶生或腋生；萼钟状，5浅裂，裂片三角形；花瓣5枚，白色，后变为淡红色，矩圆形；雄蕊5枚，下部连合成筒，与花瓣对生；花柱5枚，线状。蒴果圆球形，具5棱。花期为夏秋季。常见生于田野间。广布于长江以南各省区。

安息香科
Styracaceae

赤杨叶 *Alniphyllum fortunei*

又名拟赤杨、水冬瓜。落叶乔木。高15～20 m，胸径达60 cm。叶互生，椭圆形至倒卵状椭圆形，边缘具疏齿。总状花序或圆锥花序，顶生或腋生，长8～15 cm，有花10～20朵；花冠钟状，白色或粉红色，5裂；雄蕊10枚，下部合生成短管。蒴果长圆形，成熟时5瓣开裂。

花期4—7月，果期8—10月。常见生于常绿阔叶林中。分布于长江以南各省区。

银钟花 *Halesia macgregorii*

落叶乔木，高7～20 m；小枝紫红色而渐变为暗灰色。叶互生，薄纸质，椭圆状长圆形至椭圆形，先端渐尖至骤渐尖，基部宽楔形，边缘具细锯齿。花2～6朵排成短缩的总状花序，生于去年生小枝叶腋；花冠宽钟状，白色，与叶同时开放，裂片4枚，倒卵状椭圆形；雄蕊8枚，伸出花冠之外。核果椭圆形至倒卵形，具4宽翅，顶端有宿存花柱，熟时浅红色。

花期4月，果期7—10月。常见生于山坡、密林中。分布于浙江、福建、江西、湖南、广东、广西等省区。

秤锤树 *Sinojackia xylocarpa*

又名秤砣树。落叶小乔木。高达6 m；树皮棕色；枝直立而稍斜展。叶互生，椭圆形至椭圆状倒卵形，顶端短渐尖，基部楔形。总状聚伞花序生于侧枝顶端，有花3～5朵，花白色，直径约2.5 cm；雄蕊10～14枚，下部合生成短管。果实卵圆形，木质，有白色斑纹，顶端宽圆锥形，下半部倒卵形，形似秤锤。

花期4月，果期10—11月，生于山坡路旁树林中。分布于江苏省。

山矾 *Symplocos caudata*

山矾科
Symplocaceae

又名七里香。常绿小乔木。叶互生，薄革质，卵形、狭倒卵形、倒披针状椭圆形，先端常呈尾状渐尖，基部楔形或圆形，边缘具锯齿。总状花序长2.5～4 cm，花冠白色，芳香，裂片5枚，深裂至基部；雄蕊25～35枚，基部合生。核果卵状坛形，长7～10 mm。

花期2—3月，果期6—7月。常见生于山林间。根、叶、花可药用；可栽培供观赏。分布于长江以南各省区。

山茶科
Theaceae

浙江红山茶

Camellia chekiangoleosa

又名浙江红花油茶。小乔木。高6 m。叶革质，椭圆形或倒卵状椭圆形，先端短尖或急尖，基部楔形或近于圆形，边缘3/4有锯齿。单花顶生或腋生，花冠红色，直径8～12 cm；苞片及萼片14～16片，宿存，近圆形；花瓣7片；雄蕊排成3轮，花柱先端3～5裂。蒴果卵球形，先端有短喙，下面有宿存萼片及苞片，果爿3～5爿，木质。

花期4月。常见生于山地林中。分布于浙江、福建、江西、湖南等省区。

木荷 *Schima superba*

常绿乔木。高25 m，树皮有不整齐的块状裂纹。叶薄革质或革质，椭圆形，边缘有锯齿。花多朵生于枝顶叶腋，常排成总状花序；花白色，直径为3 cm；花瓣5枚，最外一片风帽状；雄蕊多数。蒴果球形，木质，直径为1.5~2 cm。

花期6—8月。常见生于亚热带绿林、山地雨林中。亚热带常绿林里的常见树种，也是重要的防火树种。分布于华东、华南和西南各省区。

厚皮香 *Ternstroemia gymnanthera*

灌木或小乔木。高1.5~10 m；树皮灰褐色。叶革质或薄革质，通常聚生于枝端，呈假轮生状，叶片椭圆形至长圆状倒卵形。花两性或单性，直径为1~1.4 cm，通常生于叶腋或侧生于无叶的小枝上；两性花；花瓣5枚，淡黄白色，雄蕊约50枚。果实圆球形，小苞片和萼片均宿存。

花期5—7月，果期8—10月。常见生于山地林中、林缘路边或近山顶疏林中。分布于长江以南各省区。

瑞香科 Thymelaeaceae

芫花 *Daphne genkwa*

落叶灌木。高0.3～1 m。多分枝，小枝圆柱形。叶对生，纸质，卵状披针形至椭圆状长圆形。花3～6朵簇生于叶腋或侧生，先叶开放；花淡紫蓝色或紫色；花萼筒状，裂片4枚；雄蕊8枚，2轮；柱头头状，橘红色。浆果椭圆形，白色，包藏于宿存的花萼筒的下部。

花期3—5月，果期6—7月。常见生于山坡、路旁或疏林中。花蕾可药用；全株可作农药。分布于长江以南各省区及陕西、山西、甘肃、河北、山东等省区。

了哥王 *Wikstroemia indica*

又名南岭荛花。灌木。高0.5～2 m，小枝红褐色。叶对生，纸质至近革质，倒卵形、长椭圆形或披针形，先端钝或急尖，基部阔楔形或窄楔形。花黄绿色，数朵组成顶生的短总状花序；花萼管状，顶端4裂；无花瓣；雄

蕊8枚，2轮。核果椭圆形，成熟时红色至暗紫色。

花期3—4月，果期8—9月。常见生于林下或石山上。根、茎皮和叶可药用。分布于长江以南各省区。

北江荛花 *Wikstroemia monnula*

　　落叶灌木。高0.5～0.8 m。叶对生或近对生，膜质，卵状椭圆形、椭圆形。总状花序顶生，有花8～12朵；花萼管状，长0.9～1.1 cm，萼管白色，顶端4裂，裂片淡紫色；无花瓣；雄蕊8枚，2轮。核果倒卵形，基部为宿存花萼所包被。

　　花果期4—8月。常见生于林下、灌丛中或路旁。分布于浙江、湖南、广东、广西和贵州等省区。

细轴荛花

Wikstroemia nutans

　　灌木。高1～2 m。叶对生，膜质至纸质，长卵形至卵状披针形，先端长渐尖，基部楔形或近圆形。花黄绿色，3～8朵组成顶生近头状的总状花序，花序梗下弯；花萼管状，长约1.2 cm，顶端4裂；无花瓣。核果椭圆形，长约7 mm，成熟时深红色。

　　花期1—4月，果期5—9月。常见生于常绿阔叶林中。分布于广西、广东、海南、湖南、福建和台湾等省区。

伞形科

Tmbelliferae

紫花前胡

Angelica decursiva

又名土当归、野当归。多年生草本。高1~2 m。根粗大，纺锤形，有强烈气味。茎直立，单生，紫色。基生叶和茎生叶有长柄，叶片三角形至卵圆形，1~2回羽状全裂，边缘具细锯齿；茎上部叶简化成膨大的紫色叶鞘。复伞形花序顶生和侧生，总苞片1~2片，紫色；花深紫色。果实椭圆形。

花期8~9月，果期9—11月。常见生于溪边、灌丛中或林缘。根称前胡，可药用；果实可提制芳香油。分布于长江以南各省区及辽宁、河北、河南、陕西等省区。

水芹 *Oenanthe javanica*

多年生草本。高15~80 cm。茎直立或基部匍匐，具分枝。叶1~2回羽状分裂，基生叶有柄，柄长达4~10 cm，基部有叶鞘，叶片轮廓呈三角形，末回裂片卵形至菱状披针形，边缘具锯齿；茎上部叶无柄，裂片较小。复伞形花序顶生或与叶对生；无总苞；花瓣白色。果实椭圆形。

花期4—7月，果期8—9月。常见生于湿地或池沼、水沟旁。几乎遍及全国各地。

直刺变豆菜

Sanicula orthacantha

多年生草本。高8～35 cm。茎直立，上部分枝。基生叶圆心形或心状五角形，掌状3全裂，边缘具不规则锯齿或短芒；茎生叶略小于基生叶。伞形花序通常2～3分枝；总苞片3～5，叶状；花瓣白色、淡蓝色或紫红色，倒卵形。果实卵形，具皮刺。

花果期3—9月。常见生于山涧林下、路旁、沟谷及溪边等处。分布于长江流域以南各省区及陕西、甘肃等省区。

峨参 *Anthriscus sylvestris*

二年生或多年生草本。高0.6～1.5 m。茎直立，中空，多分枝。叶二回羽状分裂，基生叶有长柄，具鞘；茎上部叶有短柄或无柄。复伞形花序疏散，顶生或侧生，直径为2.5～8 cm，小总苞片5～8片，卵形至披针形，顶端长渐尖，反折；花杂性，花瓣白色，带绿或黄色。果实长卵形至线状长圆形，顶端渐狭成喙状。

花果期4—6月。常见生于山地林下、路旁或溪谷旁。分布于华东、华北、西北及西南各省区。

败酱科
Valerianaceae

白花败酱
Patrinia villosa

又名攀倒甑。多年生草本。高30～120 cm。地下根茎有强烈腐臭。基生叶丛生，卵形至长圆状披针形，边缘具粗钝齿，不分裂或大头羽状深裂；茎生叶渐小。圆锥花序或伞房花序顶生，花小，花冠白色，钟形，5深裂；雄蕊4枚，外伸。瘦果倒卵形，与宿存增大苞片贴生。

花期8—10月，果期9—11月。常见生于灌丛、林缘、荒地或疏林中。全株可药用。分布于长江以南各省区。

蜘蛛香 *Valeriana jatamansi*

又名马蹄香。多年生草本。高20～70 cm。根茎有浓烈香味。叶对生，基生叶心状圆形至卵状心形，边缘具疏齿，茎生叶对生，心状圆形或羽裂。聚伞花序顶生，花杂性，白色或淡红色，裂片5枚，雌花小，两性花较大。瘦果长卵形，两面被毛。

花期5—7月，果期6—9月。常见生于林中、山顶草地或溪边。分布于湖南、湖北、四川、贵州、云南、西藏、河南和陕西等省区。

华紫珠 *Callicarpa cathayana*

马鞭草科
Verbenaceae

灌木。高1.5~3 m；小枝纤细。叶对生，椭圆形或卵形，边缘密生细锯齿。聚伞花序腋生，花小；花萼杯状，宿存；花冠紫红色，冠檐4裂；雄蕊4枚，等于或稍长于花冠。果实球形，成熟时紫色，直径约2 mm。

花期5—7月，果期8—11月。常见生于山坡、谷地或溪边灌丛中。分布于华东、华中和华南各省区。

白棠子 *Callicarpa dichotoma*

小灌木。高1~1.5 m。多分枝，小枝纤细。叶对生，倒卵形或披针形，边缘仅上半部具数个粗锯齿，密生细小黄色腺点。聚伞花序腋上生，花萼杯状，宿存；花冠紫色，冠檐4裂；雄蕊4枚，长约为花冠的2倍。果实球形，紫色，直径约2 mm。

花期5—6月，果期7—11月。常见生于低山丘陵灌丛中。全株可供药用；叶可提取芳香油。分布于长江以南各省区及山东、河北、河南等省区。

杜虹花 *Callicarpa formosana*

又名粗糠仔。老蟹眼。灌木。高1~3 m。叶近纸质，对生，叶片卵状椭圆形或椭圆形，顶端渐尖或近短尖，边缘有细锯齿。聚伞花序通常4~5次分歧，宽3~4 cm；花萼杯状，萼齿钝三角形；花冠淡紫色或紫色，顶端4裂；雄蕊4枚，比花冠长1倍或稍过之。果实近球形，直径约2 mm，紫色。

花期5—7月，果期8—11月。常见生于山坡、林中或灌丛中。根、叶可药用。分布于云南、广西、广东、福建、台湾、江西和浙江等省区。

兰香草 *Caryopteris incana*

又名山薄荷。直立小灌木。高20~60 cm。小枝圆柱形，略带紫色。叶对生，厚纸质，披针形、卵形或长圆形，具黄色腺点，边缘具粗齿。聚伞花序紧密多花，腋生或顶生；花冠淡紫色或淡蓝色，二唇形，冠管喉部有毛环，冠檐5裂，下唇中裂片流苏状；雄蕊4枚，与花柱均伸出花冠管外。蒴果倒卵状球形，直径约5 mm，果瓣有宽翅。

花果期6—10月。常见生于较干旱的山坡、路旁或林边。全草可药用。分布于华中、华东、华南各省区。

白花灯笼 *Clerodendrum fortunatum*

又名鬼灯笼、苦灯笼。灌木。高可达2.5 m。叶对生，纸质，长椭圆形或倒卵状披针形。聚伞花序腋生，有花3~9朵；花萼钟状，紫红色，具5棱，膨大形似灯笼，顶端5裂；花冠高脚杯状，淡红色或白色，花冠管与花萼等长或稍长，冠檐5裂；雄蕊4枚，伸出花冠外。核果近球形，成熟时深蓝绿色，藏于宿存萼片内。

花期6—11月。常见生于山坡、丘陵、路边或荒野。全株可药用。分布于广东、广西、福建和江西等省区。

臭牡丹 *Clerodendrum bungei*

又名大红袍、臭梧桐。灌木。高1~2 m，植株有臭味；小枝有皮孔。叶纸质，宽卵形或卵形，边缘具粗或细锯齿。伞房状聚伞花序顶生，密集；花冠高脚杯状，淡红色、红色或紫红色，花冠管长2~3 cm，顶端5裂；雄蕊及花柱均伸出花冠外。核果近球形，成熟时蓝黑色。

花果期5—11月。常见生于山坡、林缘、沟谷、路旁、灌丛润湿处。根、茎、叶可药用。分布于华北、西北以及长江以南各省区。

大青 *Clerodendrum cyrtophyllum*

灌木或小乔木。高1～10 m。叶片纸质，椭圆形、长圆形或长圆状披针形。伞房状聚伞花序，生于枝顶或叶腋，花小，有橘香味；花冠白色，高脚杯状，花冠管细长，长约1 cm，顶端5裂；雄蕊4枚，与花柱同伸出花冠外。果实球形或倒卵形，成熟时蓝紫色，宿萼红色。

花果期6月至翌年2月。常见生于平原、丘陵、山地林下或溪谷旁。根、叶可药用。分布于华东、华中、西南各省区。

苦郎树 *Clerodendrum inerme*

又名苦蓝盘、假茉莉。攀援状灌木。高可达2 m。根、茎、叶有苦味；幼枝四棱形。叶对生，薄革质，卵形或卵状披针形。聚伞花序生于叶腋，通常由3朵花组成；花萼钟状；花芳香，白色，顶端5裂，花冠管细长，内面密生柔毛；雄蕊4枚，偶见6枚，与花柱同伸出花冠。核果倒卵形，直径7～10 mm，花萼宿存。

花果期3—12月。常见生长于海岸沙滩和潮汐能至的地方。根可药用；枝叶有毒。分布于广西、广东、福建和台湾等省区。

海州常山 *Clerodendrum trichotomum*

又名臭梧桐。灌木或小乔木。高1.5~10 m，老枝具皮孔。叶对生，卵状椭圆形。伞房状聚伞花序顶生或腋生，长8~18 cm；花萼蕾时绿白色，后紫红色，顶端5深裂；花冠白色或带粉红色，有香味，花冠管细长，顶端5裂；雄蕊4枚，花丝与花柱同伸出花冠外；花柱较雄蕊短，柱头2裂。核果近球形，包藏于增大的宿萼内，成熟时外果皮蓝紫色。

花果期6—11月。常见生于山坡灌丛中。分布于华北、中南、西南各省区。

豆腐柴 *Premna microphylla*

又名臭黄荆。落叶灌木。高1~2 m。叶对生，揉之有臭味；叶片纸质，卵形至卵状披针形，全缘或有不规则粗齿。聚伞花序组成顶生塔形的圆锥花序；花萼杯状，宿存；花冠淡黄色，二唇形，檐部4裂；雄蕊4枚，2长2短。核果紫色，球形或倒卵形。

花果期5—10月。常见生于林下或林缘。叶可制豆腐；根、茎、叶可药用。分布于华东、中南、华南和西南各省区。

假马鞭 *Stachytarpheta jamaicensis*

又名假败酱。多年生粗壮草本或亚灌木。高0.6～2 m，幼枝近四方形，疏生短毛。叶对生，厚纸质，椭圆形至卵状椭圆形，边缘具粗锯齿。穗状花序顶生，长11～29 cm；花单生于苞腋内，一半嵌生于花序轴的凹穴中，螺旋状着生；花冠深蓝紫色，檐部5裂。果长圆形，内藏于宿存花萼内。

花期8月，果期9—12月。常见生于山谷阴湿处草丛中。全株可药用。分布于福建、广东、广西和云南等省区。

黄荆 *Vitex negundo*

灌木或小乔木。小枝方柱形，密生灰白色绒毛。掌状复叶通常有小叶5，少有3；小叶片纸质，长圆状披针形至披针形，不等大；若具5小叶时，中间3片小叶有柄，最外侧的2片小叶无柄或近于无柄。聚伞花序组成顶生的圆锥花序式，长10～27 cm；花冠蓝紫色或淡紫色，檐部5裂，二唇形，上唇2裂，下唇3裂；雄蕊伸出花冠管外。核果近球形，直径约2 mm。

花期4—6月，果期7—10月。常见生于山坡、路旁或灌木丛中。分布于长江流域及以南各省区。

蔓荆 *Vitex trifolia*

落叶灌木。罕为小乔木。高1.5～5 m，有香味。小枝四棱形。叶对生，三出复叶，侧枝上偶有单叶；小叶片卵形、倒卵形或倒卵状长圆形。圆锥花序顶生，长3～15 cm；花冠淡紫色或蓝紫色，有密毛，顶端5裂，二唇形，下唇中间裂片较大；雄蕊4枚，伸出花冠外。核果近圆形，成熟时黑色。

花期7月，果期9—11月。常见生于平原、河滩、疏林。果实为常用中药蔓荆子；茎叶可提取芳香油。分布于云南、广西、广东、福建和台湾等省区。

深圆齿堇菜 *Viola davidii*

堇菜科
Violaceae

多年生草本。高3～9 cm；地下茎较细长。叶基生，圆形或肾形，基部心形，边缘具较深圆齿；托叶披针形，具疏齿。花两侧对称，白色或淡紫色；花瓣5片，下方一片有紫色脉纹，距囊状，长约2 mm。果椭圆形，具褐色腺点。

花期3—6月，果期5—8月。常见生于溪旁草坡或疏林下。分布于华中、华南、西南各省区及陕西省。

A PHOTOGRAPHIC GUIDE TO WILD FLOWERS OF SOUTH CHINA
常见南方野花识别手册

短须毛七星莲

Viola diffusa var. brevibarbata

又名须毛蔓茎堇菜。一年生草本。具匍匐枝，全株被白色长柔毛。基生叶丛生呈莲座状，或于匍匐枝上互生，叶片卵形或卵状长圆形，托叶线状披针形，边缘具钝齿。花单生于叶腋，淡紫色或浅黄色，具长梗；花瓣5枚，侧方花瓣内面基部具短须毛。蒴果长圆形，顶端常具宿存花柱。

花期3—5月，果期5—8月。常见生于溪谷旁、岩石缝中、林下、林缘或草坡。分布于长江以南各省区及陕西、甘肃、河南、西藏等省区。

犁头草 *Viola inconspicua*

又名长萼堇菜。多年生草本。无地上茎。叶基生，莲座状，叶片三角形、三角状卵形，边缘具圆锯齿。花单生，两侧对称；花梗细弱；花淡紫色，有深色条纹，花瓣5枚，异形，侧生的2枚内面基部有须毛，下方一瓣基部延伸成距，距管状；雄蕊5枚。蒴果长圆形，长8~10 mm。

花果期3—11月。常见生于田边、溪旁、山坡草地或林缘。全株可药用。分布于长江以南各省区及陕西、甘肃等省区。

192

紫花地丁 *Viola philippica*

多年生草本。无地上茎，花期高4～10 cm，果期可达20 cm。叶基生，叶片舌形、长圆形或长圆状披针形，基部截形或楔形，边缘具圆齿，果时叶增大。花两侧对称，紫色或淡紫色，喉部有紫色脉纹；花瓣5枚，倒卵形或长圆形；距细管状。蒴果长圆形。

花果期4—9月。生于田间、草坡、林缘或灌丛中。嫩叶可作野菜；全株可药用。分布于我国东北、华北、西北、华东、华中和西南各省区。

董菜 *Viola verecunda*

多年生草本。高5～30 cm。地下茎粗短，地上茎数条丛生。基生叶多，具长柄，宽心形，边缘具浅波状圆齿；茎生叶少，疏列，托叶披针形或条状披针形，具疏锯齿。花小，基生或在茎叶腋生，两侧对称，具长梗；花瓣白色或淡紫色，距囊状。果椭圆形，长约8 mm，无毛。

花果期4—10月。常见生于湿草地、草坡、田野、河边。分布于东北、华北、长江以南各省区。

庐山堇菜 *Vioa stewardiana*

又名拟蔓地草。多年生草本。高10~25 cm。地上茎斜升，通常数条丛生。基生叶莲座状，叶片三角状卵形，边缘具圆齿；茎生叶叶片长卵形、菱形或三角状卵形，先端具短尖或渐尖，基部楔形。花生于茎上部叶的叶腋，具长梗；花瓣5枚，淡紫色。蒴果近球形。

花期4—7月，果期5—9月。常见生于山坡草地、路边、杂木林下、山沟溪边或石缝中。分布于长江以南各省区及陕西、甘肃等省。

姜 科
Zingiberaceae

艳山姜 *Alpinia zerumbet*

又名良姜。多年生草本。株高2~3 m，具根状茎和地上茎。叶披针形，长30~60 cm，宽5~10 cm。圆锥花序呈总状花序式，下垂，长达30 cm；小苞片白色，顶端粉红色，蕾时包裹住花；花冠白色，唇瓣匙状宽卵形，黄色而有紫红色条纹。蒴果卵圆形，直径约2 cm，成熟时红色。

花期4—6月，果期7—10月。常见生于林下阴湿处。根茎和果实可药用；花朵艳丽，可栽培供观赏。分布于东南至西南各省区。

莪术 *Curcuma zedoaria*

多年生草本，株高约1 m；有肉质、芳香的根茎。叶基生，大型，椭圆状长圆形至长圆状披针形，中部常有紫斑。花葶由根茎单独发出，常先叶而生，长10～20 cm；穗状花序阔椭圆形，具密集的苞片，苞片卵形至倒卵形，下部的绿色，顶端红色，上部的较长而紫色；花冠黄色，花冠管漏斗状，裂片长圆形，唇瓣较大。

花期4—6月。常见生于林荫下。根茎可药用，分布于四川、云南、广西、广东、江西、福建和台湾等省区。

闭鞘姜 *Costus speciosus*

又名广商陆、水蕉花。多年生草本。高1～3 m，顶部常分枝，旋卷。叶螺旋状排列，长圆形至披针形，叶鞘封闭。穗状花序顶生，花序密生多花，苞片、花萼革质，红色；花冠白色或顶部红色，唇瓣宽喇叭形，雄蕊花瓣状，白色，基部橙黄色。蒴果木质，长1.3 cm，红色。

花期7—9月，果期9—11月。常见生于草丛、荒坡、沟边、山谷阴湿地或疏林下。根状茎入药；嫩茎可食用。分布于云南、广西、广东、海南及台湾等省区。

好奇心若系

图鉴系列

中国昆虫生态大图鉴（第2版）	张巍巍	李元胜	中国蝴蝶生活史图鉴	朱建青	谷 宇
中国鸟类生态大图鉴	郭冬生	张正旺		陈志兵	陈嘉霖
中国蜘蛛生态大图鉴	张志升	王露雨	常见园林植物识别图鉴（第2版）	吴棣飞	尤志勉
中国蜻蜓大图鉴	张浩淼		药用植物生态图鉴	赵素云	
青藏高原野花大图鉴	牛 洋	王 辰	凝固的时空——琥珀中的昆虫及其他无脊椎动物	张巍巍	
	彭建生				

野外识别手册系列

常见昆虫野外识别手册	张巍巍	
常见鸟类野外识别手册（第2版）	郭冬生	
常见植物野外识别手册	刘全儒	王 辰
常见蝴蝶野外识别手册	黄 灏	张巍巍
常见蘑菇野外识别手册	肖 波	范宇光
常见蜘蛛野外识别手册（第2版）	王露雨	张志升
常见南方野花识别手册	江 珊	
常见天牛野外识别手册	林美英	
常见蜗牛野外识别手册	吴 岷	
常见海滨动物野外识别手册	刘文亮	严 莹
常见爬行动物野外识别手册	齐 硕	
常见蜻蜓野外识别手册	张浩淼	
常见螽斯蟋蟀野外识别手册	何祝清	
常见两栖动物野外识别手册	史静耸	
常见椿象野外识别手册	王建赟	陈 卓
常见海贝野外识别手册	陈志云	
常见螳螂野外识别手册	吴 超	

中国植物园图鉴系列

华南植物园导赏图鉴	徐晔春	龚 理	杨凤

自然观察手册系列

云与大气现象	张 超	王燕平	王 辰
天体与天象	朱 江		
中国常见古生物化石	唐永刚	邢立达	
矿物与宝石	朱 江		
岩石与地貌	朱 江		

好奇心单本

昆虫之美：精灵物语（第4版）	李元胜	
昆虫之美：雨林秘境（第2版）	李元胜	
昆虫之美：勐海寻虫记	李元胜	
昆虫家谱	张巍巍	
与万物同行	李元胜	
旷野的诗意：李元胜博物旅行笔记	李元胜	
夜色中的精灵	钟 茗	奚
蜜蜂邮花	王荫长	张巍巍	缪
嘎嘎老师的昆虫观察记	林义祥	（嘎
尊贵的雪花	王燕平	张